Konstruktionsbücher

Herausgeber Professor Dr.-Ing. E.-A. Cornelius, Hamburg

12

Schweißkonstruktionen

Berechnung und Gestaltung

Von

Dipl.-Ing. **Richard Hänchen**

Mit 349 Abbildungen

Springer-Verlag Berlin Heidelberg GmbH

ISBN 978-3-662-01215-4   ISBN 978-3-662-01214-7 (eBook)
DOI 10.1007/978-3-662-01214-7

Inhaltsverzeichnis.

Vorwort.

Das vorliegende Heft gibt eine kurze Einführung in das Berechnen und Entwerfen der Schweißkonstruktionen des allgemeinen Maschinenbaus. Es wendet sich in erster Linie an den Studierenden und an den mit dem Schweißen noch nicht vertrauten Konstrukteur.

Die für Konstruktionsschweißungen in Betracht kommenden „Schweißverfahren" sind nur kurz behandelt. Näheres darüber findet der Leser in den im Schrifttumverzeichnis aufgeführten Werken.

In dem Abschnitt über die „Baustähle" wurde ein kurzer Unterabschnitt „Grundbegriffe der Dauerfestigkeit (Schwingungsfestigkeit)" gebracht, da die Kenntnis dieser Begriffe für die Beurteilung der Dauerfestigkeit der Werkstoffe und die Berechnung auf Dauerhaltbarkeit erforderlich ist.

Da mit den Gestaltungselementen der Schweißkonstruktionen noch nicht ausreichend Versuchsergebnisse vorliegen, ist die „Berechnung auf Dauerhaltbarkeit" zum Teil nur mit geschätzten Werten durchführbar. Sie ermöglicht es aber, Vergleichsrechnungen aufzustellen, die für die praktischen Bedürfnisse ausreichen.

Eine größere Anzahl von Beispielen erläutert den Berechnungsgang, der mit den Sicherheitswerten oder mit zulässigen Spannungen durchführbar ist.

Im Abschnitt „Gestaltung der geschweißten Bauteile" wurden die schweißtechnischen Gestaltungselemente als Grundlage für das Entwerfen der Bauteile ausführlich gebracht. Bezüglich der Grundlagen des Stahlleichtbaues, der ohne das Schweißen nicht durchführbar ist, konnte auf das Heft 1 der Konstruktionsbücher, das demnächst in zweiter Auflage erscheinen wird, verwiesen werden.

Im Abschnitt „Ausführungsbeispiele aus dem allgemeinen Maschinenbau" wurden nur die wichtigsten, am meisten vorkommenden Konstruktionsteile gebracht. Die Bauteile von Werkzeugmaschinen und Brennkraftmaschinen wurden nicht behandelt, da diese in dem Heft 1 der Konstruktionsbücher ausführlich enthalten sind.

Von den Abbildungen konnte eine Anzahl aus dem vor kurzem im Springer-Verlag erschienenen III. Band des Praktischen Handbuches der gesamten Schweißtechnik entnommen werden.

Das am Ende des Heftes gebrachte Schrifttumverzeichnis wurde ausführlich gehalten, so daß sich der Leser über Näheres sowie über Sonderfragen unterrichten kann.

Den Firmen, die für das Heft zeichnerische Unterlagen zur Verfügung stellten, wird hiermit verbindlichst gedankt.

Braunlage, im April 1953 **Richard Händchen.**

1. Schweißverfahren.

Für Konstruktionsschweißungen kommen folgende Verfahren in Betracht.

11 Gasschweißung (autogene Schweißung).

Anwendung hauptsächlich beim Schweißen von Fein- und Mittelblechen, dünn-wandigen Rohren und zum Schweißen der verschiedenen NE-Metalle.

Weiteres über Gasschweißung s. [33, Bd. I][1].

12 Elektrische Lichtbogenschweißung mit Metallelektrode (n. SLAVIANOFF).

Dieses Verfahren steht für Konstruktionsschweißungen an erster Stelle.

Arbeitsweise (Abb. 1): Die Stromquelle *a* ist mit dem einen Pol an das Werkstück *b* bzw. den Arbeitstisch und mit dem anderen an die Elektrode (den Schweißdraht) *c* gelegt. Zum Führen der Elektrode dient eine isolierte Zange, der Elektrodenhalter *d*. Durch Berühren der Elektrode an das Werkstück wird der Lichtbogen gezogen, der Werkstoff an der Schweißstelle wird infolge der starken Erwärmung flüssig und die ebenfalls abschmelzende Elektrode füllt die Schweißfuge aus.

Stromart: Gleich- oder Wechselstrom. Schweißtemperatur bei Stahl $\sim 3500°$ C. Werkstoffdicke beim Stahlschweißen: 1···80 mm.

Über den Einfluß der Elektrode (blank, mit Seele oder umhüllt) auf die Schweiß-güte s. S. 9.

Bei regelmäßiger Ausführung längerer Nähte tritt an Stelle der Handschweißung die selbsttätige Schweißung mit einem Automaten.

Das Schweißen ist dann von der Geschicklichkeit und Sorgfalt des Schweißers unabhängig, und man erhält Nähte von hoher Güte und großer Regelmäßigkeit. Auch fallen die beim Handschweißen beim Ansetzen einer neuen Elektrode auf-tretenden Kerbstellen fort.

Abb. 2 zeigt als Beispiel für selbsttätige Schweißung das Ziehen der Halsnähte eines unter 45° geneigten, d. h. in die Wannenlage gebrachten Vollwandträgers. Der Automat läuft auf dem Träger selbst ab, wobei die Gurtkante als Führungsschiene dient.

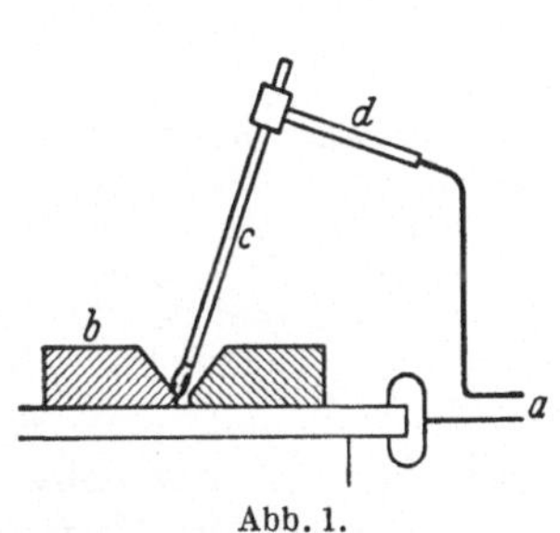

Abb. 1.

Abb. 2.

Auch beim Schweißen von Kessel- und Behältertrommeln ist das selbsttätige Schweißen zum Ziehen der Längs- und Rundnähte vorteilhaft [22].

---

[1] Die im Text bei Namen und Begriffen angegebenen Zahlen (in eckigen Klammern) be-ziehen sich auf das Schrifttumverzeichnis (S. 79).

13 Sonstige Verfahren der elektrischen Lichtbogenschweißung [8 u. 33].

Es sind zu nennen: die Kohlelichtenbogenschweißung von BERNADOS, das Verfahren von ZERENER, das ALEXANDER-Verfahren mit Schutzgas, das Arcatom-Verfahren nach SANDELOWSKY und die gas-elektrische Schweißung (Arcogen-Verfahren), die aber heute nicht mehr angewendet wird.

Ein neues selbsttätiges Schweißverfahren ist das *Ellira*[1]*-Verfahren*. Es arbeitet mit hohen Stromstärken und einer sehr großen Elektrodenvorschubgeschwindigkeit. Das Verfahren wurde hauptsächlich für das Schweißen dicker Bleche entwickelt und bedingt hohe Anlagekosten. Durch die große Energieaufnahme und die Wirkung eines besonderen Schweißpulvers wird eine außerordentlich hohe Schweißleistung erreicht. Weiteres über das *Ellira*-Verfahren s. [33].

Neben dem ELLIRA- und dem ELIN-HAFERGUT-Schweißverfahren sind an neueren Verfahren noch das H.-M.-(HUMBOLD-MELLER-)Verfahren (Schweißen und Schneiden 1952 S. 163) und das ARGONARC-Verfahren (H. KOCH: Schutzgasschweißung. Schweißen und Schneiden 1951, Sonderheft S. 11) zu nennen.

[14 Elektrische Stumpfschweißung [33].

141 Wulststumpfschweißung.

Arbeitsweise: Die zu verbindenden Teile (z. B. zwei Rundstahlteile) werden in den kupfernen Spannbacken der Stumpfschweißmaschine eingespannt. Der an die Spannbacken (Klemmen) gelegte Strom von niedriger Spannung und hoher Stromstärke findet an der Stoßstelle einen großen Widerstand (OHMschen Widerstand). Er erzeugt eine so große Wärme, daß der Werkstoff an den Stoßflächen in teigigen Zustand gerät. Die beiden Arbeitsteile werden nun stark zusammengepreßt und in kurzer Zeit verschweißt.

Wesentlich für den Schweißvorgang sind gleiche Querschnitte und glatte Stoßflächen.

Größter schweißbarer Querschnitt: etwa 40000 mm² entsprechend einem Durchmesser von 225 mm.

Der durch das Schweißen entstehende Schweißwulst muß durch Bearbeitung entfernt werden.

Die Festigkeit der Schweißung ist nahezu gleich der des Grundwerkstoffes.

142 Abbrenn- (Abschmelz-) Schweißung.

Sie wird heute bei größeren Querschnitten an Stelle der Wulststumpfschweißung allgemein angewendet.

Arbeitsweise: Die zu verbindenden Teile von gleichem Querschnitt werden auf der Maschine eingespannt. Nach Einschalten des Stromes werden sie dann in Berührung gebracht, und durch kurzes Entfernen wird der Lichtbogen gezogen. Dies wird so oft wiederholt, bis sich der Lichtbogen über den ganzen Querschnitt gebildet hat. Durch die Wärmewirkung wird der Werkstoff an den Stoßflächen unter starkem Funkensprühen abgeschmolzen, und der Werkstoff wird auf Schweißtemperatur gebracht. Nun wird der Strom abgeschaltet, und die beiden Teile werden schnell und mit der erforderlichen Kraft zusammengepreßt.

Infolge Fortschleuderung des abgeschmolzenen Werkstoffes wird der Schweißwulst klein, hat ein perlartiges Aussehen und ist leicht zu entfernen. Das Verfahren wird hauptsächlich zum Stumpfschweißen schwieriger Querschnitte (z. B. Formstahl, Rohre, Kraftwagenfelgen und dergleichen) angewendet. Es läßt auch das Schweißen legierter Stähle und solchen mit hohem C-Gehalt zu.

Die Festigkeit des Stumpfstoßes erreicht ebenfalls nahezu die des Werkstoffes.

Beispiele für Abbrennschweißung s. S. 45.

---

[1] Abkürzung für „Elektro-Linde-Rapid"-Schweißung.

15 Punkt- und Rollennahtschweißung [33].

Anwendung der *Punktschweißung* hauptsächlich bei Blecharbeiten, im Maschinenbau zum Schweißen von Verschalungen, Schutzkästen und dergleichen. Es lassen sich Stahlbleche mit einer Gesamtdicke bis etwa 20 mm punkten. Bei richtiger Wahl der Elektroden und der Stromstärke lassen sich zwei verschieden dicke Bleche sowie ein ganzes Blechbündel miteinander verbinden. Auch können dünne Bleche auf Flach- Quadrat- und Winkelstahl aufgepunktet werden.

ROTH: Die elektrische Vielpunktschweißung (Mehrpunktschweißung — Buckelschweißung- Wanderkopf — Punktzeit-Diagramm — Multipunktschweißung mit Sekundärstromumschaltung). Schweißen und Schneiden 1952, S. 194.

Die *Rollennahtschweißung* kommt nur für dünne Bleche bei einer Gesamtdicke von 3 mm in Betracht. Es lassen sich außer dekapierten und hochwertigen Stahlblechen auch Schwarz- und Weißblech sowie andere Bleche mit Metallüberzug verbinden.

Weiteres über Schweißverfahren s. [8, 33 u. 38].

2. Die Baustähle, ihre Festigkeit, Schweißbarkeit und ihre Anlieferungsformen.

21 Grundbegriffe der Dauerfestigkeit (Schwingungsfestigkeit).

Die Kenntnis der Grundbegriffe der Dauerfestigkeit ist zur Beurteilung der Festigkeit der Werkstoffe und zur Durchführung der Berechnung auf Dauerhaltbarkeit (s. Abschn. 42) erforderlich; Begriffe und Zeichen der Dauerfestigkeit s. DIN-Vornorm 50100.

211 Nennspannungen und Grenzspannungen.

Die Grundbegriffe der Dauerfestigkeit werden für Zug-Druck und Biegung (Abb. 3 u. 4) erläutert. Für Verdrehung gelten die Ausführungen sinngemäß.

Es bezeichnen (Abb. 3): P_r eine ruhende Kraft und P eine Schwingungskraft (oftmals wiederholt und kurzzeitig wirkende Kraft) in kg. Die Schwingungskraft ist eine Schwellkraft (Zugkraft $+ P$ bzw. eine Druckkraft $- P$) oder eine Wechselkraft $\pm P$.

Die Nennspannungen in den Bauteilen σ_n bzw. τ_n werden aus dem Kraftangriff (s. S. 23) nach den allgemeinen Regeln der Festigkeitslehre [7] berechnet.

Für die verschiedenen Belastungsarten — a ruhend, b schwellend, c rein schwellend, d wechselnd und e rein wechselnd — ist der Spannungsverlauf in Abhängigkeit von der Zeit für ein Lastspiel in Abbildung 3a ⋯ e vereinfacht dargestellt.

Die Nennspannungen $a ⋯ e$ und die ihnen entsprechenden Grenzspannungen $A ⋯ E$ sind in das Dauerfestigkeits-Schaubild von SMITH (Abb. 4), das in der Werkstoffprüfung und im Maschinenbau allgemein angewendet wird, eingetragen.

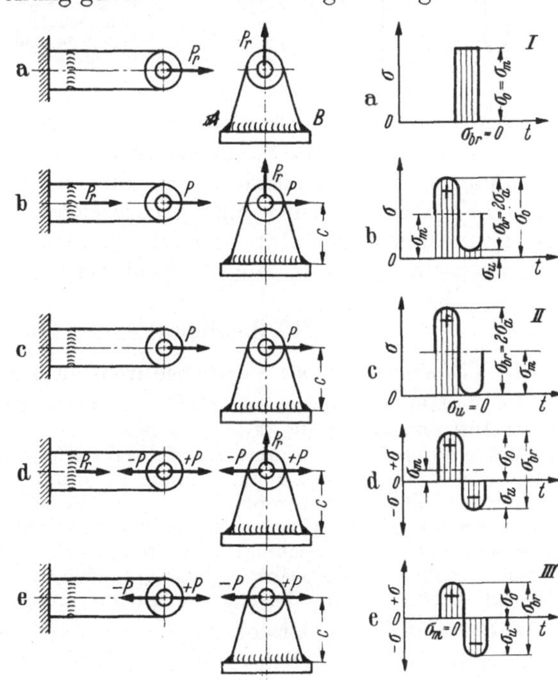

Abb. 3. Kräfte und Nennspannungen bei Zug-Druck und Biegung.
a ruhend (I); b schwellend; c rein schwellend ($\sigma_u = 0$; II); d wechselnd; e rein wechselnd ($\sigma_m = 0$; III).

1*

Bei Schwellzugbeanspruchung mit positiver Vorspannung (Spannungszustand b in Abb. 3) pendelt die Spannung zwischen der Unterspannung σ_u und der Oberspannung σ_o. Da alle Spannungen Nennspannungen sind, wird der Zeiger n fortgelassen.

$$\text{Unterspannung (bei Zug und Druck):} \qquad \sigma_u = P_r/F;$$
$$\text{Schwingungsbreite (bei Zug und Druck):} \qquad \sigma_{br} = P/F;$$
$$\text{,,} \qquad \text{(bei Biegung):} \qquad \sigma_{br} = Pc/W_b;$$
$$\text{Spannungsausschlag (Amplitude):} \qquad \sigma_a = \sigma_{br}/2;$$
$$\text{Mittelspannung:} \qquad \sigma_m = (\sigma_u + \sigma_o)/2.$$

Die Spannungswellen sind in Abb. 3 (für ein Lastspiel) vereinfacht dargestellt. In der Dauerprüfmaschine verläuft die Spannung sinusförmig (Abb. 84 S. 26).

Bei dem Dauerfestigkeits-Schaubild von SMITH (Abb. 4) wird die Mittelspannung auf der Abszissenachse (Zug nach rechts) aufgetragen. Die Ober- und Unterspannungen werden als Ordinaten (Zug nach oben, Druck nach unten) aufgetragen. Die Ordinatenendpunkte der Mittelspannungen liegen auf der unter 45° verlaufenden σ_m-Linie.

Der dem Nennspannungszustand b (σ_u, σ_{br}, σ_o und σ_m) entsprechende ähnliche Grenzspannungszustand B (Schwellzugfestigkeit mit positiver Vorspannung) ist in dem Schaubild Abb. 4 eingetragen, wobei die Spannungsgrößen große Zeiger erhalten (σ_U, σ_{Br}, σ_O und σ_M).

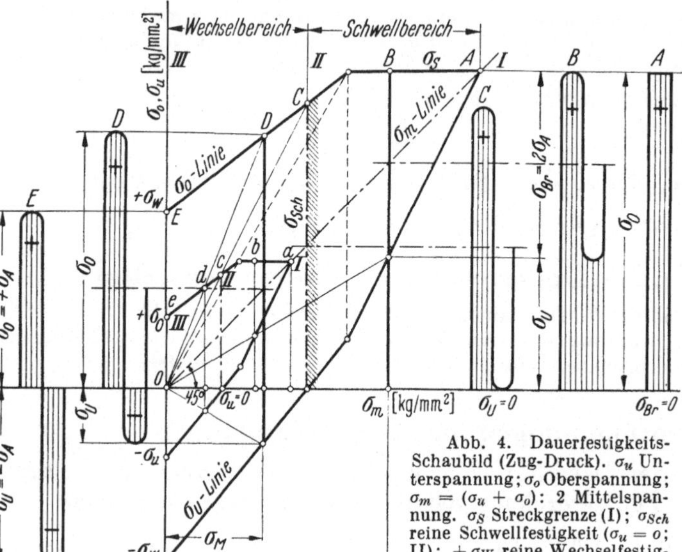

Abb. 4. Dauerfestigkeits-Schaubild (Zug-Druck). σ_u Unterspannung; σ_o Oberspannung; $\sigma_m = (\sigma_u + \sigma_o) : 2$ Mittelspannung. σ_S Streckgrenze (I); σ_{Sch} reine Schwellfestigkeit ($\sigma_u = o$; II); $\pm \sigma_W$ reine Wechselfestigkeit ($\sigma_m = o$; III).

In Tabelle 1 sind die Spannungsarten ($a \cdots e$), die wirksamen Kräfte, die Nennspannungen, das Verhältnis σ_m/σ_0, die Grenzspannungen und die prüfmäßigen Festigkeiten zusammengestellt. Ausgezeichnete Spannungsarten sind: a ruhend (Belastungsfall I nach BACH); c rein schwellend ($\sigma_u = 0$, Belastungsfall II) und d rein wechselnd ($\sigma_m = 0$, Belastungsfall III).

212 Bestimmung der Dauerfestigkeit.

DIN-Vornorm 50100: Versuchsdurchführung.

Das Verfahren, nach dem die Dauerfestigkeit am genauesten ermittelt werden kann, besteht in der Aufnahme des WÖHLER-Schaubildes.

Mehrere (mindestens 6) hinsichtlich Werkstoff, Gestaltung und Bearbeitung völlig gleichartige Proben werden nacheinander in der Dauerprüfmaschine schwingender Belastung unterworfen. Je nach dem angestrebten Ergebnis (Schwellfestigkeit oder Wechselfestigkeit) wird die Mittelspannung oder die Unterspannung für alle Proben gleich gewählt, während der Spannungsausschlag oder die Oberspannung von Probe zu Probe so geändert wird, daß im Fortgang der Versuche schließlich die Beanspruchung gefunden wird, die die Probe ,,unendlich oft'' erträgt. Für jede Probe wird die der eingestellten Belastung entsprechende Lastspielzahl bestimmt.

Die zeichnerische Darstellung der Spannungswerte σ_0 [kg/mm²] in Abhängigkeit von der Lastspielzahl (Schwingungszahl) N wird als WÖHLER-Linie bezeichnet.

Die beim WÖHLER-Versuch erhaltenen Spannungswerte streuen oft so stark, daß man statt einer Linie ein bandartiges Streufeld, das sogenannte WÖHLER-Bild (Abb. 5 S. 6) erhält. Bei diesem sind folgende Gebiete zu unterscheiden:

a Gebiet der statischen bzw. vorwiegend statischen Beanspruchungen ($N = 1 \cdots 10^4$);

b Gebiet der abnehmenden Festigkeit oder Zeitfestigkeitsgebiet ($N = 10^4 \cdots 10^7$) und

c das Gebiet der gleichbleibenden Festigkeit, das Dauerfestigkeitsgebiet ($N > 10^7$).

Die WÖHLER-Versuche werden bei der Werkstoffprüfung aus zeit- und wirtschaftlichen Gründen bei Stahl mit der Lastspielzahl $N = 10^7$ abgebrochen. Bei der Grenzspielzahl erhält man infolge der Streuung d (Abb. 5), die nach amerikanischen Versuchen bis zu 20% betragen kann, zwei Dauerfestigkeitswerte σ_{Dmax} und σ_{Dmin}.

Besonders groß ist die Streuung im Zeitfestigkeitsgebiet. Das Streugebiet (Abb. 5) ist durch die Linie der Größtwerte N_{max}-Linie und die der Kleinstwerte N_{min}-Linie begrenzt. Der Konstrukteur wird daher bei seinen Berechnungen von der N_{min}-Linie ausgehen.

Im Betrieb der Bauteile treten Spannungen an der Gefahrengrenze σ_{nG} (Abb. 84, S. 26), bei der der Bauteil brechen würde, meist nur mit kleiner Lastspielzahl auf.

Neuere *Zweistufenversuche* haben gezeigt, daß die Dauerfestigkeit der Werkstoffe bei kleiner Schwingungszahl der Überlast (Vorlast) nicht vermindert wird.

In dem Schaubild (Abb. 6) bezeichnen $\sigma_{\ddot{u}}$ die über der Dauerfestigkeit liegende Überspannung und $N_{\ddot{u}}$ die zugehörige Lastspielzahl. N_B ist die Bruchspielzahl des Versuchsstabes.

Auf Grund der Versuche mit Überlasten hat FRENCH [10] die sogenannte Schadenslinie (line of damage) *b* in

Tabelle 1. *Nennspannungen und Grenzspannungen (Zug und Zug-Druck).*

Nr.	Art der Beanspruchung	Abb. 3	Belastungsfall	Wirksame Kräfte	Nennspannungen				σ_m/σ_0	Grenzspannungen (Abb. 4)	Prüfmäßige Festigkeit des Werkstoffes (Abb. 4)
					σ_u	$\sigma_{br} = 2\sigma_a$	σ_0	σ_m			
1	2	3	4	5	6	7	8	9	10	11	12
1	ruhend	a	I	$P_r; \bullet P = 0$	0	0	P_r/F	$== \sigma_0$	1	$\sigma_U = 0;\ \sigma_{Br} = 2\sigma_A = 0;\ \sigma_O = \sigma_M$	Streckgrenze σ_S
2	schwellend	b	—	$P_r; + P$	P_r/F	P/F	$\sigma_u + \sigma_{br}$	$\dfrac{\sigma_u + \sigma_0}{2}$	—	$\sigma_U;\ \sigma_{Br} = 2\sigma_A;\ \sigma_O;\ \sigma_M$	Schwellfestigkeit
3	rein schwellend	c	II	$P_r = 0; + P$	0	P/F	$= \sigma_{br} = 2\sigma_a$	σ_a	0,5	$\sigma_U = 0;\ \sigma_O = \sigma_{Br} = 2\sigma_A;\ \sigma_M = \sigma_A$	reine Schwellfestigkeit σ_{Sch}
4	wechselnd	d	—	$P_r < P;\ \pm P$	$\dfrac{+P_r - P}{F}$	$2\sigma_a$	$\dfrac{+P_r + P}{F}$	$\dfrac{-\sigma_u + \sigma_0}{2}$	—	$-\sigma_U;\ \sigma_{Br} = 2\sigma_A;\ + \sigma_O, \sigma_M$	Wechselfestigkeit
5	rein wechselnd	e	III	$P_r = 0;\ \pm P$	$-\dfrac{P}{F} = -\sigma_a$	$2\sigma_a$	$= +\dfrac{P}{F} = +\sigma_a$	0	0	$\sigma_M = 0;\ \sigma_O = +\sigma_A;\ \sigma_U = -\sigma_A$	reine Wechselfestigkeit $\pm \sigma_W$

Abb. 7 ermittelt, die unterhalb der Wöhler-Linie a verläuft und in die Dauerfestigkeit des Werkstoffs übergeht.

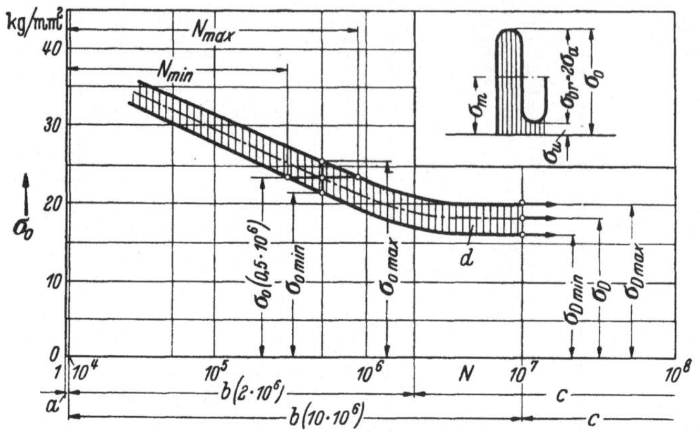

Abb. 5. Wöhler-Bild für Schwellzugfestigkeit mit positiver Vorspannung. N Lastspielzahl; σ_O Oberspannung; σ_D Dauerfestigkeit; d Streubereich.

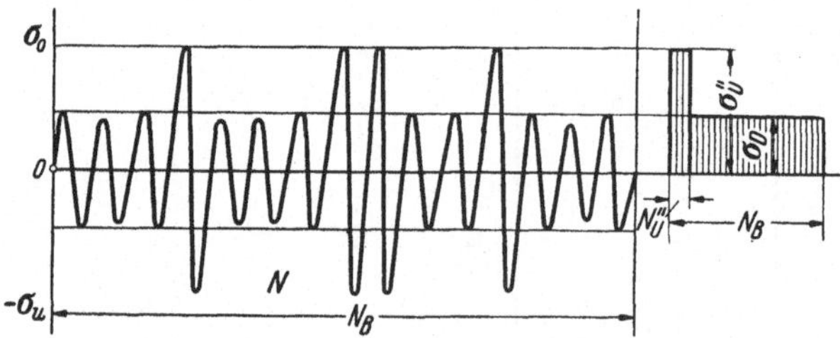

Abb. 6. Spannungsverlauf mit Überspannungen. $\sigma_{\ddot{u}}$ Überspannung; $N_{\ddot{u}}$ Lastspielzahl der Überspannung; σ_D Dauerfestigkeit.

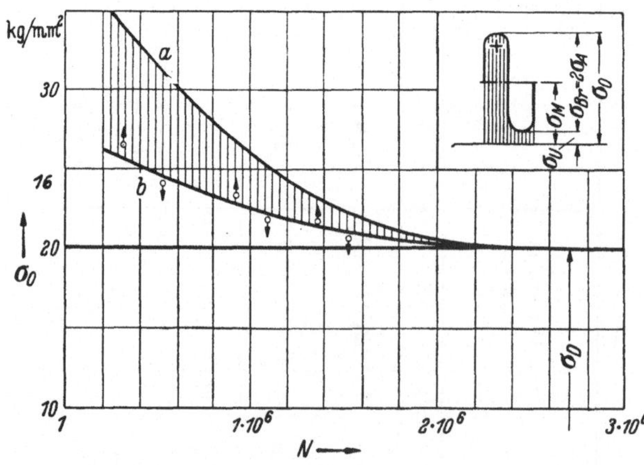

Abb. 7. Versuche von French. a Wöhler-Linie; b Schadenslinie (line of dammage).

Die abwärts gerichteten Pfeile (Abb. 7) zeigen an, daß die Überlast (Vorlast) ohne Einfluß auf die Dauerfestigkeit des Werkstoffes ist, während die aufwärts gerichteten Pfeile eine Schädigung bedeuten. Der Bereich zwischen der Wöhler-Linie a und der Schadenslinie b ist der eigentliche Schädigungsbereich. Auf der Wöhler-Linie selbst ist der Bruch des Probestabes zu erwarten. Besonders zu beachten ist, daß sich die Schadenslinie nur auf die Dauerfestigkeit bezieht und keine Schlüsse auf die Zeitfestigkeit zuläßt.

Versuche von J. B. Kommers [25 u. 26]. Über den Einfluß einer Überlast auf die Dauerfestigkeit liegen Versuche vor, und zwar vorerst für zwei Werkstoffe (Stahl mit 0,27% C-Gehalt und Stahl mit 0,62% C-Gehalt).

Kommers hat zunächst durch eine größere Anzahl von Versuchen die Wöhler-Linie (N-σ-Schaubild) mit nicht vorbelasteten (jungfräulichen) Proben für Umlaufbiegung (reine Wechselfestigkeit $\pm \sigma_{bW}$) bestimmt. Er hat dann eine größere Anzahl von Proben einer Überlast (Vorlast) unterzogen und für diese Proben durch neue Wöhler-Versuche die verminderte Dauerfestigkeit bestimmt.

In Abb. 8 sind die verminderten Dauerfestigkeiten σ_{Dverm} in Abhängigkeit von dem Verhältnis der Schwingungszahl $N_{\ddot{u}}$ der Überlast zur Gesamtschwingungszahl (Bruchspielzahl) N_B der Probestäbe für Überbeanspruchungen $\sigma_{\ddot{u}} = 1,1\,\sigma_D$, $1,2\,\sigma_D$ und $1,3\,\sigma_D$ dargestellt.

Für z. B. $N_{\ddot{u}}/N_B = 0,4$ und $\sigma_{\ddot{u}} = 1,3\,\sigma_D$ ist die verminderte Dauerfestigkeit $\sigma_{Dverm} \approx 0,84\,\sigma_D$.

Zweistufenversuche der gekennzeichneten Art sind besonders wichtig für die Beurteilung der Dauerhaltbarkeit solcher Bauteile, die während des größten Teils der Betriebszeit verhältnismäßig niedrig beansprucht sind, aber vorübergehend höhere Belastungen (Überlasten) ertragen müssen.

22 Festigkeit und Schweißbarkeit der Baustähle.

Die Festigkeit und Schweißbarkeit der Stähle sind abhängig von ihrer chemischen Zusammensetzung (Legierung), besonders aber vom C-Gehalt.

Die Festigkeitsprüfung geschieht am Probestab mit Walzhaut (Anlieferungszustand). Senkrecht zur Walzrichtung sind die Dauerfestigkeitswerte um $20\cdots25\%$ niedriger als in der Walzrichtung.

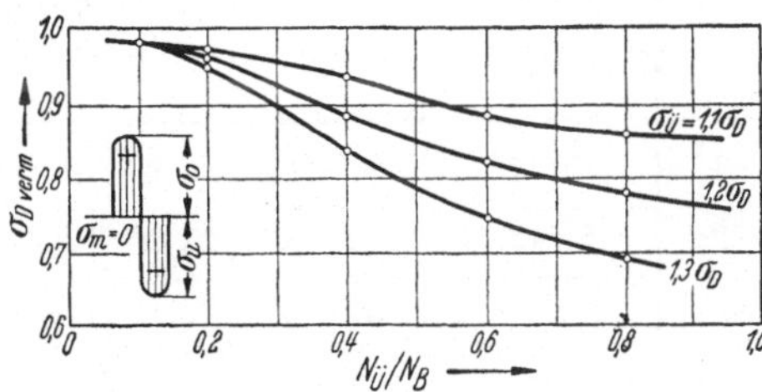

Abb. 8. Verminderte Dauerfestigkeit σ_{Dverm} bei Umlaufbiegung und $\sigma_{U} = 1{,}1\cdots1{,}3\,\sigma_D$.

221 Unlegierte Stähle.

Der Stahl St 00 ist gut schweißbar, doch sind seine Festigkeitseigenschaften nicht gewährleistet. Er wird daher nur für solche Bauteile verwendet, die wenig belastet sind.

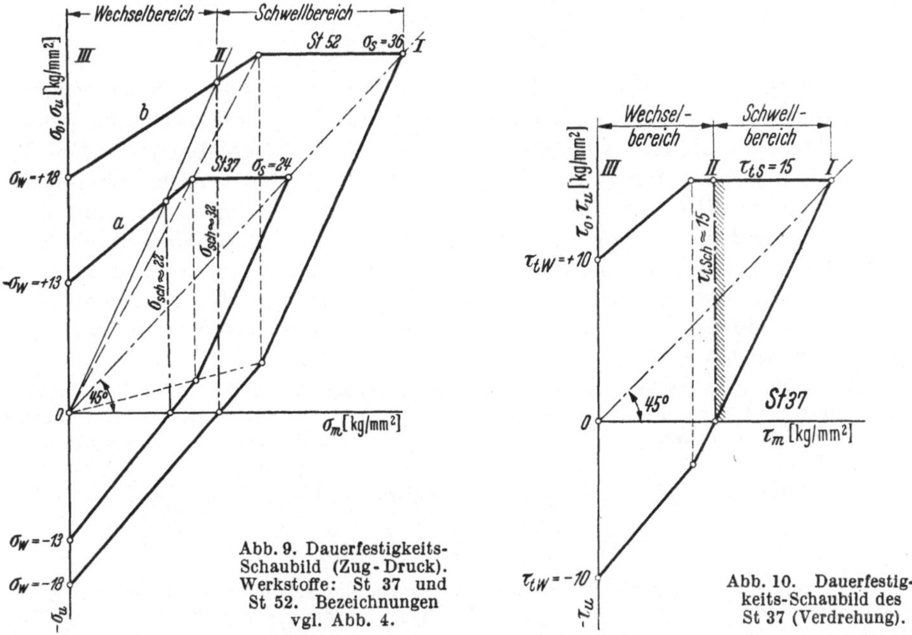

Abb. 9. Dauerfestigkeits-Schaubild (Zug-Druck). Werkstoffe: St 37 und St 52. Bezeichnungen vgl. Abb. 4.

Abb. 10. Dauerfestigkeits-Schaubild des St 37 (Verdrehung).

Tabelle 2 gibt die Festigkeitswerte und die Schweißbarkeit der unlegierten Stähle an.

Der bei den Schweißkonstruktionen am meisten verwendete Stahl St 37 (St 37.11, St 37.12 und St 37.21) ist als SM-Stahl gut schweißbar.

Der Stahl St 50.11 ist befriedigend schweißbar, doch ist er bei größeren Dicken schon auf 300° vorzuwärmen. Bei den höher gekohlten Stählen St 60.11 und St 70.11 ist die Schweißung nur bedingt durchführbar. Von St 50.11 ab ist die Schweißung von geübten und geprüften Schweißern auszuführen.

Abb. 9: Schaulinie a gibt das Dauerfestigkeits-Schaubild des St 37 für Zug-Druck. Die Dauerfestigkeitswerte für Biegung und Verdrehung sind in Tabelle 3 angegeben.

Abb. 10: Dauerfestigkeits-Schaubild des St 37 für Verdrehung.

Tabelle 2. *Festigkeitswerte und Schweißbarkeit der Baustähle.*

Nr.	Stahl	σ_B kg/mm²	δ_5/δ_{10} %	H_B kg/mm²	σ_S kg/mm²	σ_{Sch} kg/mm²	σ_W kg/mm²	Schweiß-barkeit
1	2	3	4	5	6	7	8	9
1	St 37	37···45	25/20	100···125	22···26	22	± 13	gut
2	St 42.11	42···50	25/20	120···140	23···28	24	± 15	gut
3	St. 50.11	50...60	22/18	140···170	27···33	30	± 18	befriedigend

Tabelle 3. *Dauerfestigkeit (Biegung und Verdrehung) der Stähle St 37 und St 52 (mit Walzhaut).*

Nr.	Stahl	Biegung			Verdrehung		
		σ_{bS} kg/mm²	σ_{bSch} kg/mm²	σ_{bW} kg/mm²	τ_{tS} kg/mm²	τ_{tSch} kg/mm²	τ_{tW} kg/mm²
1	St 37	40	36	± 16	15	15	± 10
2	St 52	56	50	± 21	32	32	± 14

222 Baustahl St 52.

Anwendung bei größeren Schweißkonstruktionen zur Gewichtsersparnis. Die Schweißbarkeit des Stahls ist bei Verwendung zur Legierung des Stahls passender Elektroden befriedigend. Auf Grund neuerer Forschungsergebnisse darf St 52 bei Dicken über 30 mm nur von solchen Werken verwendet werden, die auf Grund einer besonderen Prüfung von der Eisenbahnverwaltung zugelassen sind.

Die bei der früheren Legierung des St 52 auftretenden spröden Brüche werden durch den neueren Feinkornstahl, der durch ein Sonderverfahren (Desoxydation mit Al) erhalten wird, vermieden. Doch wird ein zusätzliches Normalglühen von Platten über 30 mm Dicke gefordert, wovon jedoch bei bestimmten Werken verzichtet werden kann.

Abb. 9: Schaulinie b gibt das Dauerfestigkeits-Schaubild des St 52 für Zug-Druck. Die Wechselfestigkeit $\pm \sigma_W$ des St 52 liegt um etwa 38% über der des St 37; die Schwellfestigkeit σ_{Sch} des St 52 ist um etwa 45% höher als die des St 37. Das Hauptanwendungsgebiet des St 52 liegt daher im Schwellbereich.

Dauerfestigkeitswerte des St 52 für Biegung und Verdrehung s. Tabelle 3.

223 Legierte Stähle.

Legierung, Zugfestigkeit und Bruchdehnung sowie die Schweißbarkeit (unter Angabe der chemischen Zusammensetzung der Elektroden) sind in den „Werkstoffblättern" des Vereins Deutscher Eisenhüttenleute enthalten.

224 Rohrleitungsstähle.

sind nach *DIN* 1629 genormt und werden auch für Rohrkonstruktionen (s. S. 46) verwendet. Bei St 00.29 (Handelsgüte) sind die Festigkeitseigenschaften nicht gewährleistet. Die übrigen Güten sind St 35.29, St 45.29, St 55.29 und St 65.29. Die Stähle bis etwa St 45.29 sind gut schweißbar. Bei St 55.29 und St 65.29 ist ein Vorwärmen der Schweißenden auf 200···300° erforderlich.

23 Anlieferungsformen der Werkstoffe.

Die für die Schweißkonstruktionen verwendeten Stähle werden angeliefert als Bleche (DIN 1621), als Stäbe (DIN 1611) und als Profilstähle (DIN 1612).

Die Notwendigkeit, an Werkstoff zu sparen, hat dazu geführt, an Stelle der üblichen schweren Walzprofile *Leichtprofile* zu verwenden. Derartige Stahlleichtprofile (Abb. 11) waren bereits 1940 im Entwurf genormt. Werkstoff: St 37 und St 50. Wenn diese Leichtprofile lieferbar sind, ist die Möglichkeit gegeben, die Schweißkonstruktionen mit stark vermindertem Werkstoffaufwand zu gestalten.

3. Die Schweißnähte, ihre Nennspannungen und Festigkeitswerte.

Die Festigkeit der Schweißverbindungen ist abhängig vom Grundwerkstoff, dem angewendeten Schweißverfahren, den Eigenschaften der niedergeschmolzenen Schweiße (Einfluß der

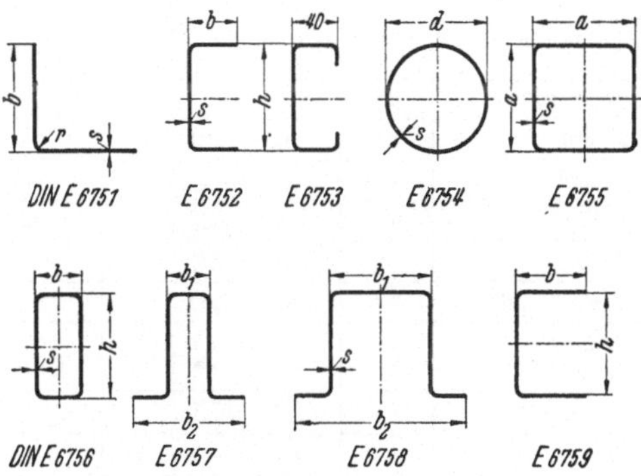

Abb. 11. Querschnittsformen der im Entwurf genormten Leichtprofile.

Elektrode), der Art und Form der Schweißnähte, der Belastungsart des Bauteils und von der Geschicklichkeit und Sorgfalt des Schweißers.

Einfluß der Elektrode. Von den unter Belastung stehenden Schweißverbindungen wird eine statische Festigkeit verlangt, die der des Grundwerkstoffs (s. S. 7) mindestens gleich ist. Ebenso müssen die Schweißungen in Rücksicht auf Verformungsfähigkeit eine genügende Dehnung und Kerbzähigkeit aufweisen. Den verschiedenen Anforderungen wird durch die Wahl einer geeigneten Elektrode (nackte, Seelen- und ummantelte Elektroden) Rechnung getragen. Die Bewertung der Elektroden geschieht nach den Festigkeitseigenschaften des niedergeschmolzenen Schweißgutes [33 II. Bd. u. 38].

Hinsichtlich der Festigkeit der Schweißnähte ist zu beachten, daß die Nähte Gußgefüge haben, das nicht so dicht ist wie das Walzgefüge des Grundwerkstoffes.

Schweißgüten. Die Güte der herzustellenden Schweißungen wird aus wirtschaftlichen Gründen von der Beanspruchungsart des Bauteils (ruhend oder schwingend) abhängig gemacht. Schweißungen einfacher Güte werden mit billigen (blanken) Elektroden und von weniger geübten, geringer bezahlten Schweißern ausgeführt. Schweißungen von hoher Güte dagegen erfordern die Verwendung hochwertiger (ummantelter) Elektroden und den Einsatz zuverlässiger und erfahrener Schweißer, die entsprechend hoch entlohnt werden.

Um den Belastungsarten der Bauteile und der Wirtschaftlichkeit der Schweißkonstruktionen Rechnung zu tragen, hat BOBEK [3] Schweißgüten für den Maschinen- und Behälterbau aufgestellt.

Schweißgüte „N" (normale Konstruktionsschweißung) kommt in Betracht für feststehende Bauteile mit nicht zu hohen ruhenden Spannungen ohne Schwingungsbeanspruchungen.

Schweißgüte „F" (Festschweißung) für feste und bewegte Teile mit hohen ruhenden und mit Schwingungsbeanspruchungen bis etwa 500 kg/cm².

Sondergüte „S" wird bei sehr hohen ruhenden und schwingenden Beanspruchungen sowie bei dichten Hochdruckbehältern angewendet.

Die Schweißgüte wird in den Zeichnungen hinter die Nahtdicke a gesetzt, z. B. 5 N oder 7 F.

Abhängigkeit der Festigkeit von Nahtform und Belastungsart. Während statische Versuche für die Schweißnähte in ausreichendem Maße vorliegen, ist die Dauerhaltbarkeit der verschiedenen Schweißverbindungen noch nicht in gleichem Maße bestimmt. Es liegen meist Schwellzugversuche mit den für die Schweißkonstruktionen hauptsächlich verwendeten Stählen St 37 und St 52 vor [9].

Die reinen Wechselfestigkeiten ($\sigma_m = 0$) lassen sich jedoch mit genügender Annäherung aus den Schwellzugwerten und mit Hilfe der Dauerfestigkeits-Schaubilder der Werkstoffe ableiten.

Tabelle 4. *Sinnbilder der Schweißnähte (Auszug aus DIN 1912).*

Benennung	Grund-zeichen	Sinnbilder			
		überwölbt	flach	hohl	wurzelseitig nachgeschweißt[1]
Bördelnaht	‿	‿⟩	‿‖		
I-Naht	=	=⟩	=‖		
V-Naht	<	⟨⟩	⟨‖		‖⟨⟩
U-Naht	⊂	⊂⟩	⊂‖		‖⊂⟩
X-Naht	×	(×)	‖×‖		
Doppel U-Naht	⋈	(⋈)	‖⋈‖		
Kehlnaht / Ecknaht	∟	△	△	△	
Dreiblechnaht	⊔	⟂⟂	⟂⟂		
½ V-Naht	⟨	⟨⟩	⟨‖	⌒	‖⟨‖
K-Naht	⋊	(⋈)	‖×‖	⟩⋈[2]	
Loch-u. Schlitznaht	±		±		
Wulststumpfnaht	I		I		
Abbrennstumpfnaht	‡		‡		
Punktnaht	○		○		
Buckelnaht	○		⊙		
Rollennaht	○		⊖		
Quetschnaht	○		⊖		

[1] das Nachschweißen kann „flach" oder „überwölbt" erfolgen, man verwendet die entsprechenden Zeichen

[2] bei der K-Naht können verschiedene Schweißformen in Anwendung gebracht werden, die dann im Sinnbild entsprechend darzustellen sind z. B. ⋈.

Bei der Dauerhaltbarkeitsprüfung der Schweißungen (an Flachstäben mit Walzhaut) begnügt man sich meist mit der Lastspielzahl $N = 2 \cdot 10^6$.

Bei den Festigkeiten der Schweißverbindungen ist zu unterscheiden zwischen der *Nahtfestigkeit* (Bruch in der Schweißnaht) und der *Anschlußfestigkeit* (Bruch am Übergang der Naht zum Werkstoff).

Die Nennspannungen in den Schweißnähten werden mit ϱ_n und die in den Anschlußquerschnitten mit σ_n und τ_n bezeichnet. An Stelle von n treten die der Beanspruchungsart entsprechenden Zeiger (z Zug, d Druck, b Biegung, s Schub und t Verdrehung).

BIERETT [1] gibt auf Grund bisheriger Veröffentlichungen eine Zahlentafel über die vorhandenen Dauerfestigkeitswerte der verschiedenen Schweißverbindungen für St 37 bei einer Grenzspielzahl $N = 2 \cdot 10^6$. Die von BIERETT gegebenen Werte sind meist reine Schwellzugfestigkeiten ($\sigma_u = 0$). Wechselfestigkeiten ($\sigma_m = 0$) liegen nur wenig vor.

31 Stumpfnähte.

Ausführung als V- oder X-Nähte (Abb. 12···14). Die Stumpfnähte haben die größte Dauerhaltbarkeit, da der Kraftfluß bei Zug und Druck geradlinig verläuft (Abb. 15).

Nennspannung (Naht und Übergang):

$$\varrho_z = \sigma_z = P/sl \quad [\text{kg/cm}^2]. \tag{1}$$

Die Dauerversuche [3] haben ergeben, daß die Dauerhaltbarkeit der V-Nähte ohne Wurzelverschweißung (Abb. 12) wesentlich (um etwa 30%) niedriger ist als bei der Naht mit nachgeschweißter Wurzel (Abb. 13). Dies ist darauf zurückzuführen, daß bei der Naht ohne Wurzelverschweißung bei I in Abb. 12 starke Kerbwirkung auftritt. Bei Schweißverbindungen, die oftmals wiederholt (schwingend) beansprucht sind, kommen daher nur Nähte mit Wurzelverschweißung in Betracht.

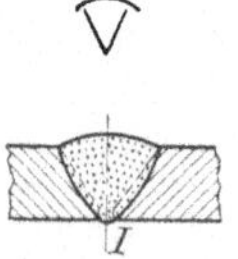

Abb. 12.

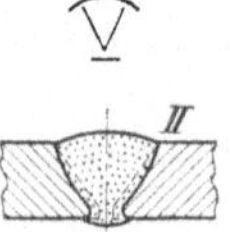

Abb. 13.

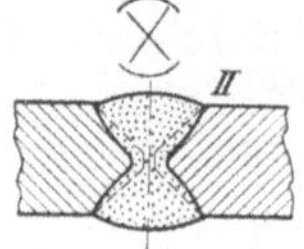

Abb. 14.

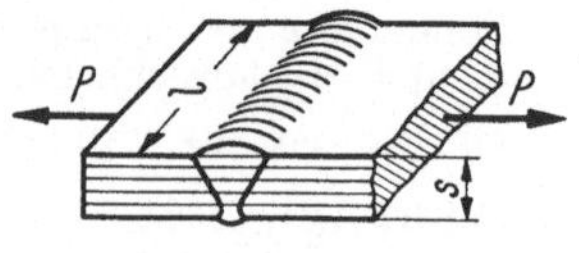

Abb. 15.]

Abb. 12—14. Formen der Stumpfnähte (V- und X-Naht).

Bei der wurzelverschweißten V-Naht (Abb. 13) beginnt der Dauerbruch an inneren Fehlstellen (Poren, Schweißfehler, Gaseinschlüssen und dergleichen), meist aber am Übergang der Naht zum Grundwerkstoff (II in Abb. 13).

Bei dem Probestab mit V-Naht tritt bei zügiger Beanspruchung (Abb. 16) ein Verformungs-bruch im Stab auf. Bei oftmals wiederholtem Zug aber tritt der Dauerbruch am Nahtübergang ein (Abb. 17).

Für die V-Nähte wurden bei St 37 fol-gende Schwellzugfestigkeiten erhalten:

ohne Wurzelverschweißung (Abb. 12):

$$\sigma_{nSch} \approx 12 \text{ kg/mm}^2;$$

mit Wurzelverschweißung (Abb. 13):

$$\sigma_{nSch} \approx 18 \text{ kg/mm}^2.$$

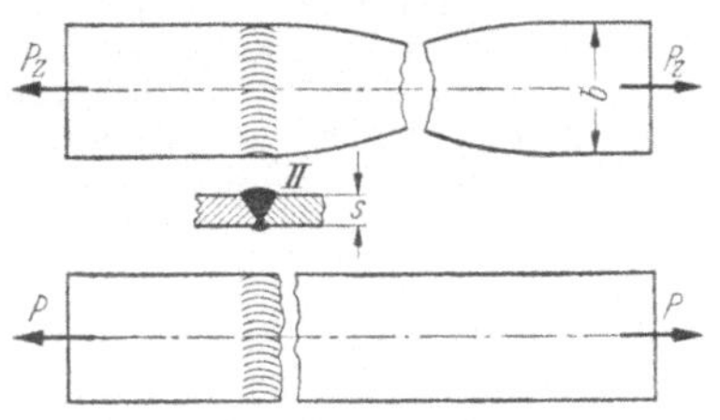

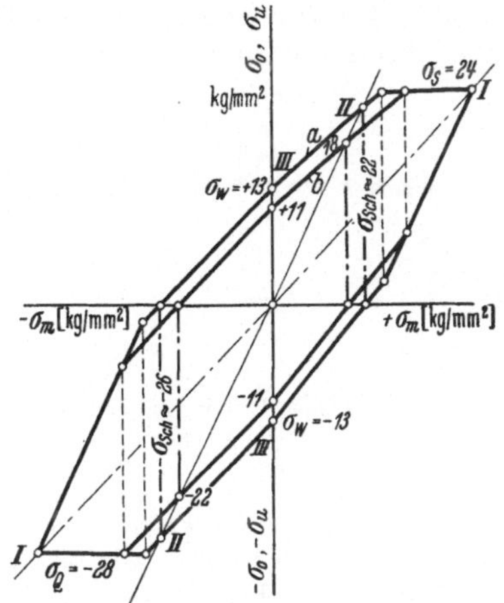

Abb. 16 u. 17.

Abb. 18. Vollständiges Dauerfestigkeits-Schaubild (Zug-Druck). a Werkstoff (St. 37); b wurzelverschweißte V-Naht.

Durch Eintragen dieser Werte in das Dauerfestigkeits-Schaubild des St 37 (Abb. 47, S. 15) werden die angenäherten Wechselfestigkeitswerte $\pm\sigma_{nW}$ (An-schluß) bzw. $\pm\varrho_{nW}$ (Naht) erhalten.

X-Nähte (Abb. 14) haben bei guter Ausführung die gleichen Schwellzugfestig-keiten wie die V-Nähte. Werden die Raupen der Stumpfnähte auf beiden Seiten gleichlaufend zur Zugrichtung abgehobelt und geschlichtet, dann erhält man nach GRAF [13] Schwellzugfestigkeiten bis $\sim$24 kg/mm^2.

Im Druckgebiet (Abb. 18) sind die Dauerhaltbarkeitswerte der Stumpfnähte den höheren Werkstoff-Festigkeiten entsprechend höher. Es kann bei St 37 mit Druckschwellfestigkeiten von 25···28 kg/mm^2 gerechnet werden.

Sind zwei verschieden dicke Bleche durch V-Nähte zu verbinden, dann führe man bei oftmals wiederholter Beanspruchung den Stoß nicht nach Abb. 19, sondern nach Abb. 20 mit allmählichem Übergang am dickeren Blech aus. Das gleiche gilt auch für X-Nähte (Abb. 21 u. 22).

  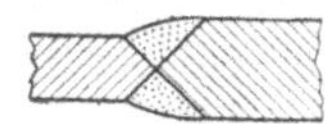 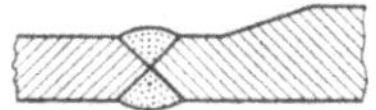

Abb. 19—22.

Beim Entwerfen geschweißter Behälter und Gefäße, insbesondere solchen mit größerem Innendruck, lege man die Schweißnähte nicht in die Querschnittsüber-gänge, sondern ordne sie nach Abb. 23 an.

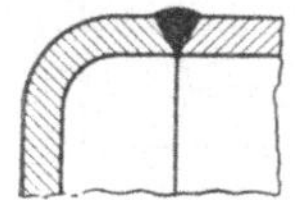 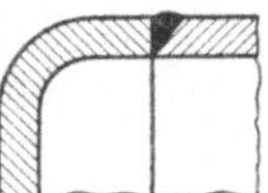 

Abb. 23 u. 24.

Abb. 25—28.
$^1/_2$ V- und K-Nähte.

Die an Stelle der V-Naht angeordnete $^1/_2$ V-Naht (Abb. 24) ist nur bei geringerer Bean-spruchung geeignet. $^1/_2$ V-Nähte (Abb. 25 u. 26) sowie K-Nähte (Abb. 27 u. 28) werden, trotzdem sie an Vorbereitungsarbeit für die Schweißkanten sparen, weniger angewendet.

32 Kehlnähte.

Die Bauformen der geschweißten Maschinenteile sind derart, daß die Kehlnähte (Abb. 29···31) weit mehr angewendet werden als die hinsichtlich der Dauerhaltbarkeit günstigeren Stumpfnähte. Ein großer Vorzug der Kehlnähte ist der, daß sie — im Gegensatz zu den Stumpfnähten — keine Vorbereitungsarbeit (Bearbeiten der Schweißkanten) erfordern.

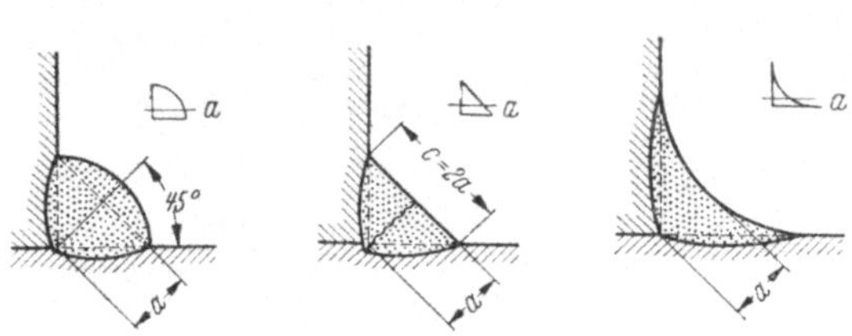

Abb. 29--31. Formen der Kehlnähte.
29 Vollnaht;   30 Flachnaht;   31 Hohlnaht.

Die *volle, überwölbte Kehlnaht* (Abbildung 29) hat den Nachteil einer starken Kerbwirkung an dem schroffen Übergang der Naht zum Grundwerkstoff. Auch sie ist wegen ihres übergroßen Schweißvolumens unwirtschaftlich und wird daher nur noch selten angewendet.

An ihre Stelle tritt die *Flachnaht* mit der Nahtdicke a (Abb. 30), die hinsichtlich der Kerbwirkung günstiger ist und das wirtschaftlichste Schweißvolumen hat.

Die *Hohlnaht* (Abb. 31) hat wegen ihres allmählichen Übergangs zum Grundwerkstoff die geringste Kerbwirkung, aber bei gleicher rechnerischer Nahtdicke ein größeres Schweißvolumen als die Flachnaht.

Ob bei oftmals wiederholter Beanspruchung die Flach- oder Hohlnaht anzuwenden ist, muß von Fall zu Fall entschieden werden, wobei zu berücksichtigen ist, daß die Hohlnaht in der Fertigung teurer ist.

Hinsichtlich der Wirkungsrichtung der Kraft unterscheidet man Flanken- und Stirnkehlnähte.

321 Flankenkehlnähte.

Bei den Flankenkehlnähten liegt die Kraftrichtung parallel zur Nahtlänge (Abb. 32, Versuchsanordnung).

Wird der Probestab mit Flankennähten bei ausreichender Nahtbemessung zügig belastet, dann tritt ein Verformungsbruch im Stab ein (Abb. 33). Wird der Stab durch eine Schwingungskraft P belastet (Abb. 34), dann tritt am Nahtende der Dauerbruch ein.

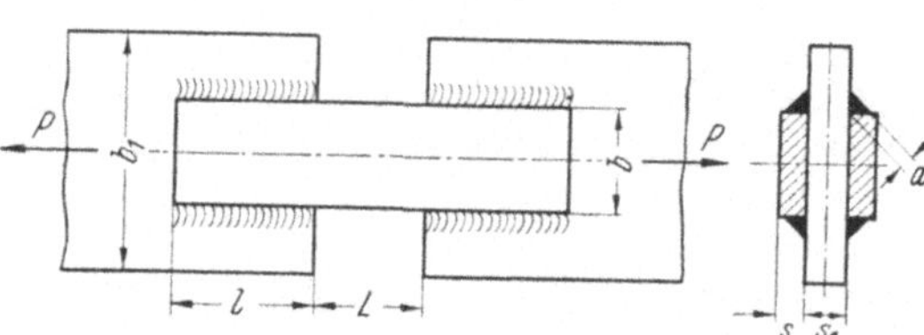

Abb. 32. Versuchsanordnung.

Während Flankennähte durchschnittlicher Güte bei ruhender Beanspruchung den Stumpfnähten gleichwertig sind, ist ihre Dauerhaltbarkeit bedeutend geringer als die der Stumpfnähte.

Bei den Stumpfnähten (Abb. 15, S. 10) verläuft der Kraftfluß geradlinig. Bei den Flankennähten aber werden die Kraftlinien mehrmals räumlich stark abgelenkt (Abb. 35) [2]. Sie gehen vom Stabquerschnitt in die schmalen Nahtquerschnitte und von diesem wieder in den Blech-

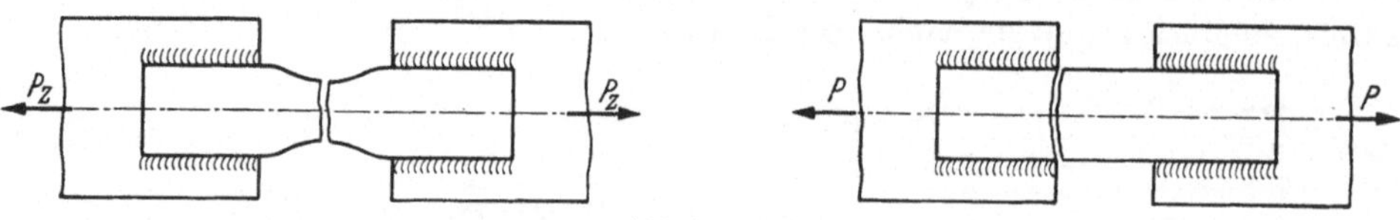

Abb. 33 u. 34.

querschnitt über. Es treten daher bei ausreichender Nahtbemessung an den Nahtenden bei I und II (Abb. 35) Kerbspannungen σ_k auf, die wesentlich höher als die Stabspannung σ sind und die den Dauerbruch bei I (Abb. 34) hervorrufen.

Die Nennspannung im Nahtquerschnitt (Schubspannung) ist

$$\varrho_s = P/\Sigma\,(a\,l)\ [\text{kg/cm}^2].\qquad(2)$$

Sie erreicht ihren Höchstwert ϱ_{smax}·an den Nahtenden I und II (Abb. 36), wo auch die größte Kerbspannung auftritt.

Die versuchsmäßige Schubspannung ist nach GRAF [12] $\varrho_{Sch} = 11\cdots13$, i. M. 12 kg/mm².

Die Nennspannung des Stabquerschnittes (Anschlußquerschnitt) ist (Abb. 35)

$$\sigma_z = P/F = P/2\,b\,s\ [\text{kg/cm}^2].\qquad(3)$$

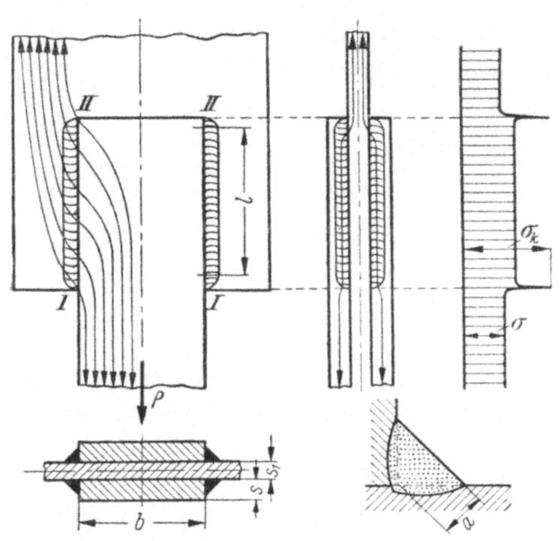

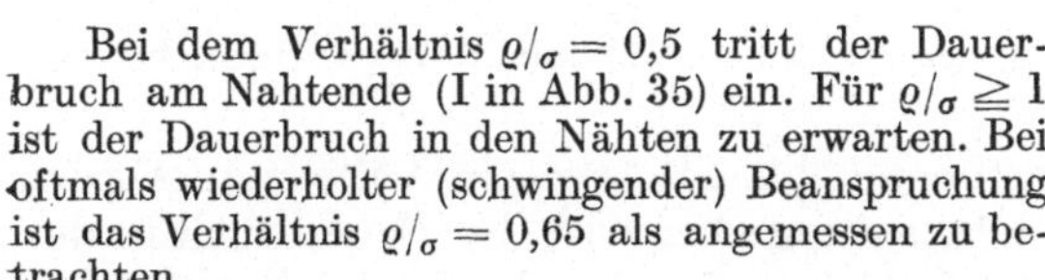

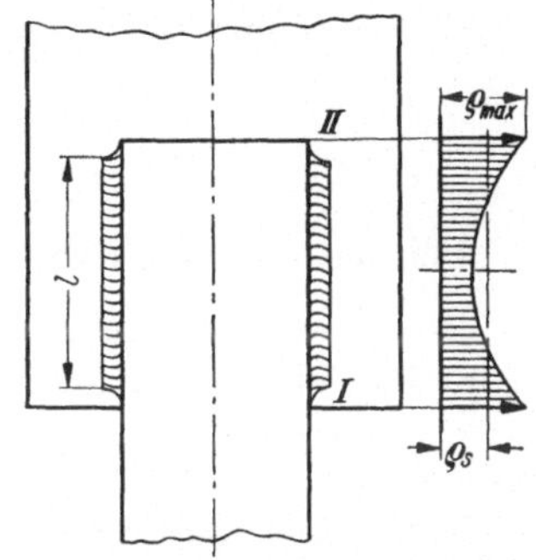

Abb. 36. Flankenkehlnähte (Nahtenden bearbeitet). ϱ_s Schubspannung in den Nähten.

Abb. 35. Flankenkehlnähte. σ Nennspannung; σ_k Kerbspannungen (Spannungsspitzen) an den Nahtenden I und II.

Bei dem Verhältnis $\varrho/\sigma = 0{,}5$ tritt der Dauerbruch am Nahtende (I in Abb. 35) ein. Für $\varrho/\sigma \geqq 1$ ist der Dauerbruch in den Nähten zu erwarten. Bei oftmals wiederholter (schwingender) Beanspruchung ist das Verhältnis $\varrho/\sigma = 0{,}65$ als angemessen zu betrachten.

Eine Erhöhung der Dauerhaltbarkeit der Anschlüsse mit Flankennähten wird bei diesem Verhältnis dadurch erreicht, daß man die Endkrater bei I und II (Abb. 36) mittels eines kegeligen oder kugeligen Fräsers bearbeitet, wodurch die Kerbspannungen σ_k (Abb. 35) vermindert werden.

Bei der üblichen Bemessung der Flankennähte beträgt die Zugschwellfestigkeit bei St 37 als Werkstoff $\sigma_{nSch} = 6\cdots8$ kg/mm². Werden die Endkrater bearbeitet, dann ist $\sigma_{nSch} = 10\cdots11$ kg/mm².

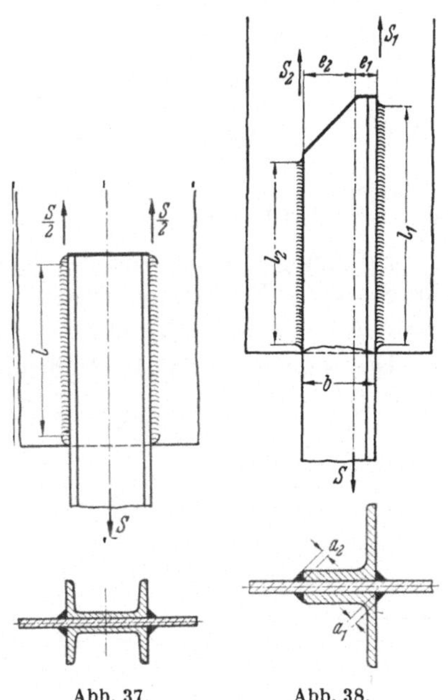

Abb. 37.　　　　Abb. 38.

Diese Anschlußfestigkeiten sind in das Dauerfestigkeits-Schaubild des St 37 (Abb. 47, S. 15) eingetragen. Durch Parallele zur σ_O- und σ_U-Linie lassen sich die Wechselfestigkeiten $\pm\sigma_{nW}$ der Flankennähte mit hinreichender Genauigkeit bestimmen.

Werden statt der Flachstähle (Abb. 35 u. 36) $\sqsubset$-Stähle (Abb. 37) angeschlossen, dann ist die Dauerhaltbarkeit nach GRAF größer und bei L-Stählen (Abb. 38) kleiner.

Beim Anschluß der ⊏-Stähle (Abb. 37) ist der erforderliche Schweißquerschnitt

$$F_{Schw} = S/\varrho_{zul} \ [\text{cm}^2].$$

Mit der Nahtdicke a ist die erforderliche Nahtlänge

$$l = F_{Schw}/4a \ [\text{cm}].$$

Beim Anschluß der L-Stähle (Ab. 38) sind die in den Nähten wirkenden Kräfte

$$S_1 = S(b - e_1)/b; \quad S_2 = S e_1/b \ [\text{kg}].$$

Erforderliche Schweißquerschnitte der Nähte]

$$F_1 = S_1/\varrho_{zul}; \quad F_2 = S_2/\varrho_{zul} \ [\text{cm}^2].$$

Mit den Nahtdicken a_1 und a_2 sind die erforderlichen Nahtlängen

$$l_1 = F_1/2a_1; \quad l_2 = F_2/2a_2 \ [\text{cm}].$$

322 Stirnkehlnähte.

Bei den Stirnkehlnähten steht die Kraftrichtung senkrecht zur Nahtrichtung.

Die Festigkeitsprüfung der Stirnkehlnähte geschieht mit dem Laschenstoß (Abb. 39), meist aber mit dem Kreuzstoß (Abb. 41).

Der auf Zug beanspruchte Überlappungsstoß (Abb. 40) ist durch das Kräftepaar Pe [kgcm] noch zusätzlich auf Biegung beansprucht.

Da sich die Kraftlinien an den Einbrandkerben (bei I) zusammendrängen, ist der Stoß hinsichtlich der Dauerhaltbarkeit sehr ungünstig. Er ist daher allgemein durch den theoretisch

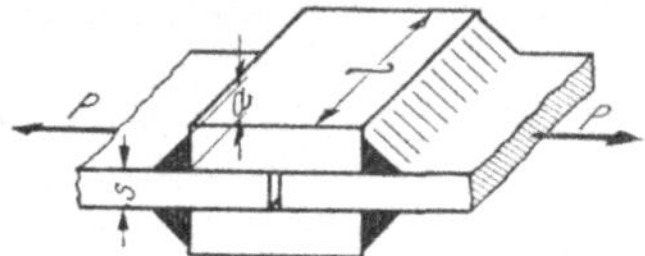

Abb. 39. Laschenstoß.

Abb. 40. Überlappungsstoß.

richtigen Stumpfstoß (Abb. 13) zu ersetzen, der, da sein Schweißinhalt nur die Hälfte beträgt, weit wirtschaftlicher ist.

Bei zügiger Belastung des Kreuzstoßes (Abb. 41) tritt ein Verformungsbruch im Stab ein. Bei oftmals wiederholter Belastung aber tritt der Dauerbruch in den Nähten (I—I Abb. 42) oder bei großer Nahtdicke im Anschlußquerschnitt ein.

Die Nennspannung im Nahtquerschnitt (Abb. 42) ist

$$\varrho = P/\Sigma\,(al) = P/2al \ [\text{kg/cm}^2]. \tag{4}$$

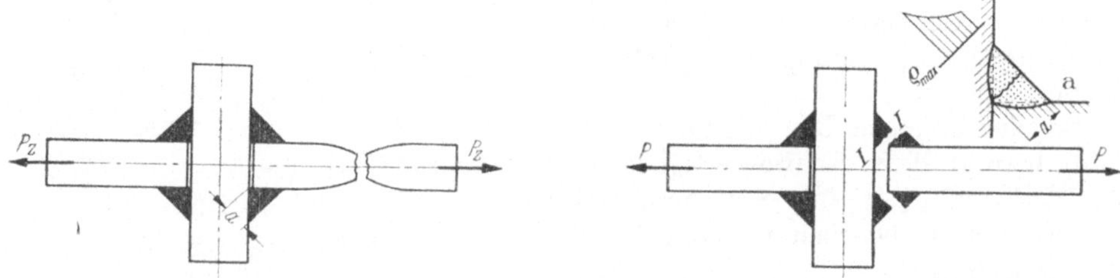

Abb. 41 u. 42. Kreuzstoß.

An der Nahtwurzel ist die Spannung ϱ_{max} wesentlich größer (Abb. 42a) und ist von der Nahtdicke abhängig.

3221 T-Stöße. Der T-Stoß mit *einseitiger* Kehlnaht (Abb. 43 u. 44) ist besonders ungünstig beansprucht. Bindungsbild s. Abb. 43a.

In dem Nahtquerschnitt I—II (Abb. 44) ist die Zugspannung mit l [cm] Nahtlänge

$$\varrho_z = P_1/al = 0{,}707\,P/al \ [\text{kg/cm}^2]. \tag{5}$$

Die noch hinzutretende Biegespannung ist:

$$\varrho_b = (\pm)\,P_2 e/W_b = (\pm)\,4{,}25\,Pe/a^2 l \ [\text{kg/cm}^2]. \tag{6}$$

Unter Vernachlässigung der noch auftretenden Schubspannung tritt der Größtwert der resultierenden Spannung bei I in Abb. 44a auf.

Resultierende Spannung:

$$\varrho_r = \varrho_z + \varrho_b \ [\text{kg/cm}^2]. \tag{7}$$

Bei dem T-Stoß mit *doppelseitigen* Stirnkehlnähten (Flachnähten), durch die Kraft P auf oftmals wiederholten Zug beansprucht, wird die Nennspannung im Nahtquerschnitt nach Gl. (2) S. 13 berechnet.

Die Schwellfestigkeit des Nahtquerschnittes (I—II in Abb. 45) ist nach GRAF für St. 37 $\varrho_{nSch} = 7 \cdots 8$ kg/mm².

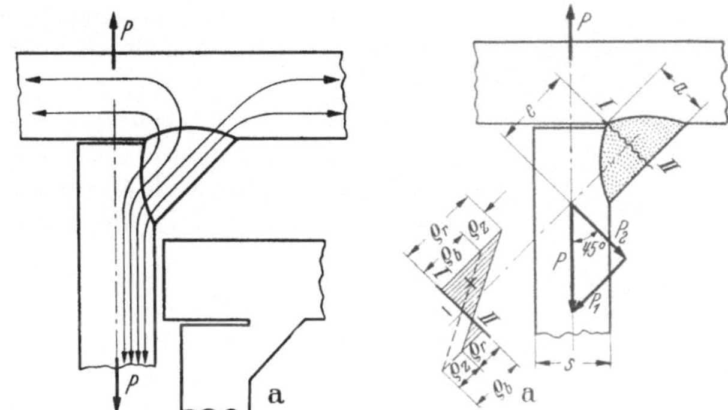

Abb. 43 u. 44. T-Stoß mit einseitiger Kehlnaht (Verlauf der Kraftlinien und Berechnung).

Für den Anschlußquerschnitt (III—IV in Abb. 45) ist die Nennspannung

$$\sigma_z = P/sl \ [\text{kg/cm}^2], \tag{8}$$

wobei l die Nahtlänge in cm ist.

Übliche Versuchswerte: $\sigma_{nSch} = 11 \cdots 12$, bester Wert $\sigma_{nSch} \approx 15$ kg/mm². Bei Bearbeitung wird der Wert $\sigma_{nSch} = 17$ kg/cm² erreicht.

Die Schwellzugfestigkeiten σ_{nSch} der Stirnkehlnähte (Flachnähte) sind in das Dauerfestigkeits-Schaubild des St 37 (Abb. 47) eingetragen, wodurch die Wechselfestigkeiten $\pm\sigma_{nW}$ erhalten werden.

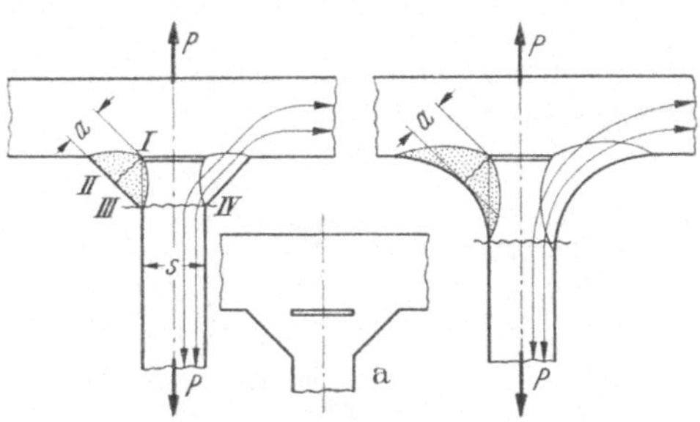

Abb. 45 u. 46. T-Stoß mit doppelseitiger Kehlnaht (Flachnaht und Hohlnaht).

Abb. 47. Dauerfestigkeits-Schaubild des St 37 (Zug-Druck) und Dauerhaltbarkeit der Schweißnähte. *a* Werkstoff; *b* Stumpfnaht (V- und X-Naht); *c* Flankenkehlnaht; *d* Stirnkehlnaht.

Werden die Stirnkehlnähte des T-Stoßes als *Hohlnähte* ausgeführt (Abb. 46), dann ist der Verlauf der Kraftlinien besser und die Kerbwirkung am Anschlußquerschnitt wird kleiner. Es werden dann Dauerhaltbarkeitswerte erreicht, die um $12 \cdots 15\%$ höher sind als beim T-Stoß mit Flachnähten.

Bei Wechselbiegung des T-Stoßes (Abb. 48) wird nach THUM und ERKER [35] bei Vollnähten und starker Kerbwirkung der Wert $\sigma_{nbW} = \pm 11$ kg/mm² erhalten. Bei der Ausführung mit Hohlnähten ist $\sigma_{nbW} = \pm 17$ kg/mm².

Eine Steigerung der Dauerhaltbarkeit des auf Zug beanspruchten T- bzw. Kreuzstoßes wird dadurch erreicht, daß man die Stirnnähte als versenkte Kehlnähte ausführt (Abb. 49 u. 50). Versuche an Kreuzstößen mit hohlen, versenkten Kehlnähten ergaben für St 52 folgende statischen und Schwellfestigkeiten:

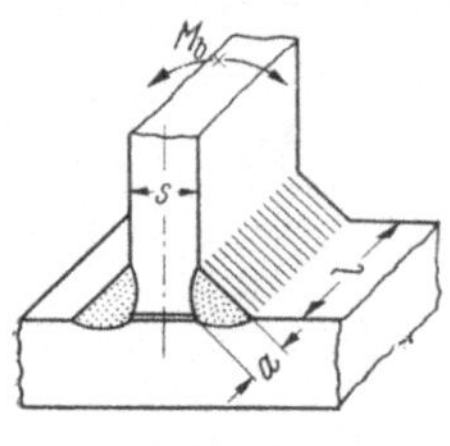

Abb. 48.

mit Fuge (Abb. 49): $\sigma_{nB} = 56{,}7$ kg/mm², $\sigma_{nSch} \approx 11$ kg/mm²;

ohne Fuge (Abb. 50): $\sigma_{nB} = 58{,}2$ kg/mm², $\sigma_{nSch} \approx 15$ kg/mm².

Tabelle 5 gibt die Festigkeitswerte für die auf oftmals wiederholten Zug bzw. Zug-Druck beanspruchten Schweißverbindungen aus St 37.

Der bei den Berechnungen (s. Abschn. 4) verwendete *Beiwert* α, die Formzahl oder der Gestaltbeiwert ist das Verhältnis der Schwelldauerhaltbarkeit der Verbindung zur Schwellzugfestigkeit des Werkstoffs $\alpha = \varrho_{Sch}/\sigma_{Sch}$ bzw. $\sigma_{nSch}/\sigma_{Sch}$.

Die Formzahl ist in Tabelle 5, Spalte 8 für die verschiedenen Schweißverbindungen eingetragen.

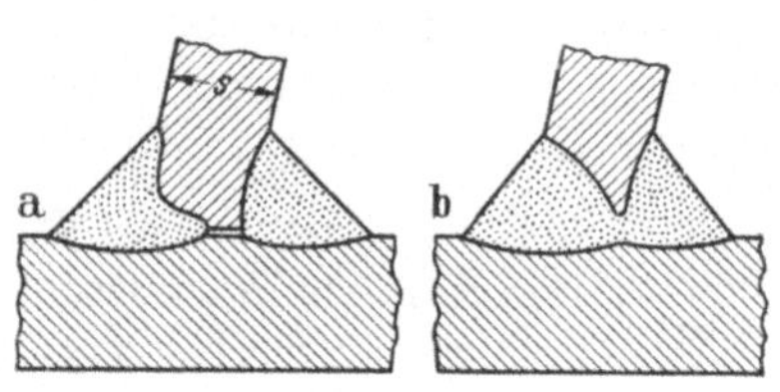

Abb. 49 u. 50. Versenkte Kehlnähte mit und ohne Fuge.   Abb. 51 a u. b.

Steht das anzuschließende Blech schräg zum Anschlußteil (Abb. 51a), dann ist am Schweißquerschnitt wie in Abb. 49 eine Fuge vorhanden. Ist das Blech schräg abgeschnitten (Abb. 51 b), dann ist der Schweißquerschnitt voll tragfähig und der Anschlußquerschnitt ist für die Berechnung maßgebend.

3222 Winkelstöße. In den Abb. 52 ··· 55 haben die L-Stöße einfache Kehlnähte. Gegenüber Abb. 52 ergibt Abb. 53 ein leichteres Passen.

Die L-Stöße mit doppelseitiger Kehlnaht (Abb. 56 u. 57) haben eine entsprechend größere Festigkeit. Bei dem Stoß Abb. 57 ist das Passen leichter.

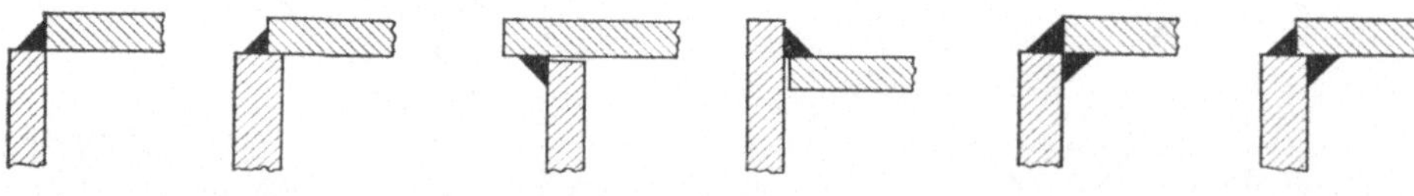

Abb. 52 ··· 55 Winkelstöße mit einseitiger Kehlnaht.   Abb. 56 u. 57. Winkelstöße mit doppelseitiger Kehlnaht.

Abb. 58 Anschluß eines dünnen Bleches an ein dickes. Abb. 59 L-Stoß zweier dünner Bleche.

3223 Rundnähte (Ringnähte). Für die auf *Zug* beanspruchte Rundnaht (Abb. 60 S. 18) ist der Schweißquerschnitt (Abb. 60a):

Abb. 58 u. 59.

$$F_{Schw} = (D + 2a)^2 \pi/4 - D^2 \pi/4 \ [\text{cm}^2]. \tag{9}$$

Versuche mit der auf Zug beanspruchten Rundnaht liegen zur Zeit nicht vor. Auf *Biegung und Schub* beanspruchte Rundnaht s. Abb. 316, S. 69.

Tabelle 5. *Festigkeitswerte der Schweißverbindungen. Beanspruchungsart: Oftmals wiederholter Zug bzw. Zug-Druck. Werkstoff: St 37; $N = 2 \cdot 10^6$.*

Nr.	Stoßart	Nahtart —	Abb. —	Schweiß-zeichen	ϱ_{Sch} kg/mm²	σ_{nSch} kg/mm²	α —	σ_{nW} kg/mm²
1	2	3	4	5	6	7	8	9
1	Stumpfstöße	V-Naht ohne Wurzel-verschweißung			~10,0	~10,0	0,45	±6,0
2		V-Naht mit Wurzel-verschw. X-Naht			16···20 i. M. 18	16···20 i. M. 18	~0,80	±10,5
3		desgleichen bearbeitet			22···24	22···24	~1,0	±13
4	Anschlüsse mit Flankennähten	Flankennähte (Flach-nähte) ohne Bearbei-tung der Endkrater			—	6···8	0,36	±5,5
5		desgleichen mit Bear-beitung der Endkrater			—	10...11	0,50	±6,5
6	T-Stöße	T-Stoß mit Flachnähten			—	11···13	0,60	±5,0
7		T-Stoß mit Hohlnähten			—	12···15	0,65	±6,0
8		T-Stoß, versenkte Hohl-nähte mit Fuge			—	~14	0,65	±5,5
9		T-Stoß, versenkte Hohl-nähte ohne Fuge			—	~17	0,75	±7,0

Die auf *Verdrehung* beanspruchte Rundnaht (Abb. 61) wird angewendet bei Zahnrädern, Trommeln, Hebeln, Kurbeln und dergleichen.

Widerstandsmoment des Schweißquerschnittes (Abb. 61a):

$$W_t = \frac{1}{r + a}\,(d + 2a)^4\,\pi/32 - d^4\,\pi/32 \;\ldots\; \text{cm}^3. \tag{10}$$

Mit dem durch die Schweißverbindung gehenden Drehmoment ist die Nenn-spannung in der Naht

$$\varrho_t = M_t/W_t \;[\text{kg/cm}^2]. \tag{11}$$

Vom *MPA Darmstadt* [35] an Rundnähten (Ringnähten) vorgenommene Wechselversuche (Abb. 62) ergaben an durchlaufenden Nähten bei St 37 und St 50.11 (Welle) einen Durchschnittswert für die reine Wechselfestigkeit $\varrho_{tW} = \pm 5{,}0$ kg/mm².

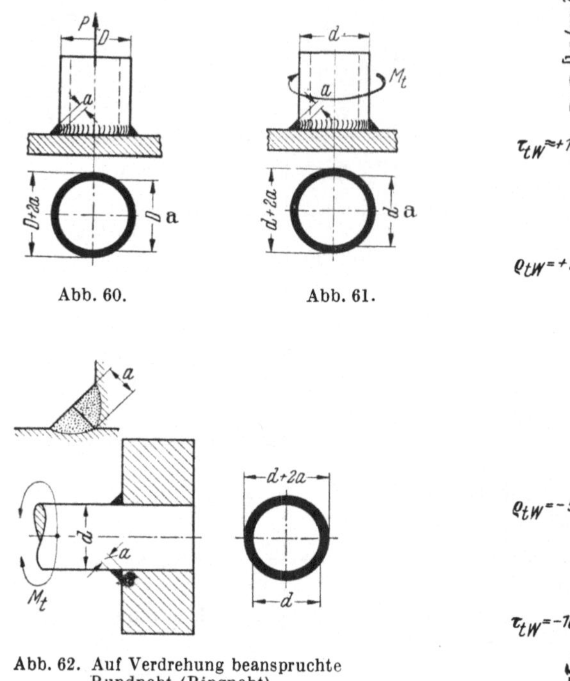

Abb. 60.   Abb. 61.

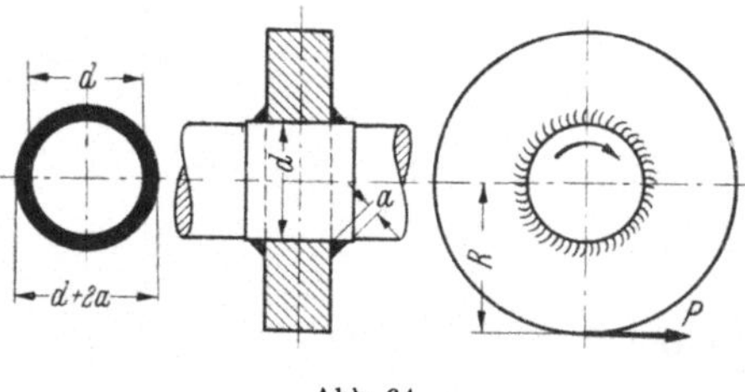

Abb. 62. Auf Verdrehung beanspruchte Rundnaht (Ringnaht).

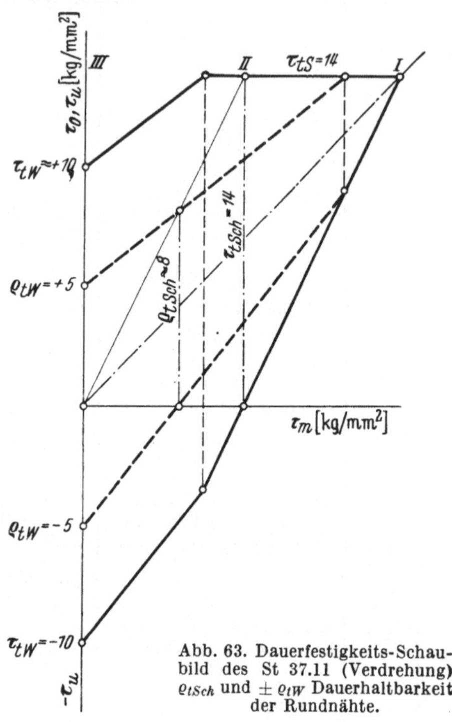

Abb. 63. Dauerfestigkeits-Schaubild des St 37.11 (Verdrehung) ϱ_{tSch} und $\pm \varrho_{tW}$ Dauerhaltbarkeit der Rundnähte.

Abb. 64.

Der Wert ϱ_{tW} ist in das Dauerfestigkeits-Schaubild des St 37 für Verdrehung (Abb. 63) eingetragen. Durch Ziehen der Parallelen zur τ_O- und τ_U-Linie wird die Drehungsschwellfestigkeit zu $\varrho_{tSch} \approx 8$ kg/mm² erhalten.

Für die auf der Welle aufgeschweißte, durch das Drehmoment $M_t = PR$ [kgcm] beanspruchte Scheibe (Abb. 64) ist das Widerstandsmoment das doppelte des in Gl. (10) angegebenen.

4. Berechnung der Schweißverbindungen.

41 Berechnung bei ruhender Beanspruchung.

Den in den Schweißverbindungen wirksamen, nach den Angaben S. 10 u. f. berechneten Nennspannungen ϱ_n werden zulässige Spannungen ϱ_{zul} gegenübergestellt, die von der zulässigen Spannung σ_{zul} des gewählten Werkstoffs abhängig sind.

Tabelle 6 gibt die zulässigen Nahtspannungen nach *DIN 4100*, die zwar für den Stahlbau aufgestellt sind, bei ruhender Beanspruchung aber auch im Maschinenbau anwendbar sind.

42 Berechnung auf Dauerhaltbarkeit.

Die Berechnung der geschweißten Bauteile auf Dauerhaltbarkeit ist in den Grundzügen die gleiche wie die der allgemeinen Maschinenteile [17]. Den Besonderheiten des Schweißens entsprechend sind jedoch die Beiwerte andere.

Tabelle 6. *Zulässige Spannungen der Schweißnähte bei ruhender Beanspruchung nach DIN 4100.*

Nr.	Nahtform	Beanspruchungs-art	Zulässige Spannung ρ_{zul}
1.	Stumpfnähte	Zug	$0,75\ \sigma_{zul}$[1]
		Druck	$0,85\ \sigma_{zul}$
		Biegung	$0,8\ \sigma_{zul}$
		Schub	$0,65\ \sigma_{zul}$
2.	Stirnkehlnähte	jede	$0,65\ \sigma_{zul}$
3.	Flankenkehlnähte	jede	$0,65\ \sigma_{zul}$

Maßgebend für die Berechnung sind die an dem Bauteil angreifenden Kräfte und Momente (der Angriff), die prozentuale Häufigkeit der Höchstbelastung h_b [%] und die betriebsmäßig auftretenden Stöße.

421 Betriebsarten.

Die Betriebsart einer Maschine wird gekennzeichnet durch das für einen bestimmten Betriebsabschnitt (z. B. $T = 10h$) aufgenommene Belastungsbild, aus dem die für die Berechnung in Betracht kommende Summenkurve entworfen wird. Hinsichtlich der Betriebsart unterscheidet man Dauerbetrieb und aussetzenden Betrieb.

Abb. 65 zeigt als Beispiel für *Dauerbetrieb* das Belastungsbild einer Ziehbank mit der Zugkraft P [t]. Die Zugkraft wechselt im Betrieb zwischen dem Kleinstwert von 3 t und dem Größtwert von 10 t.

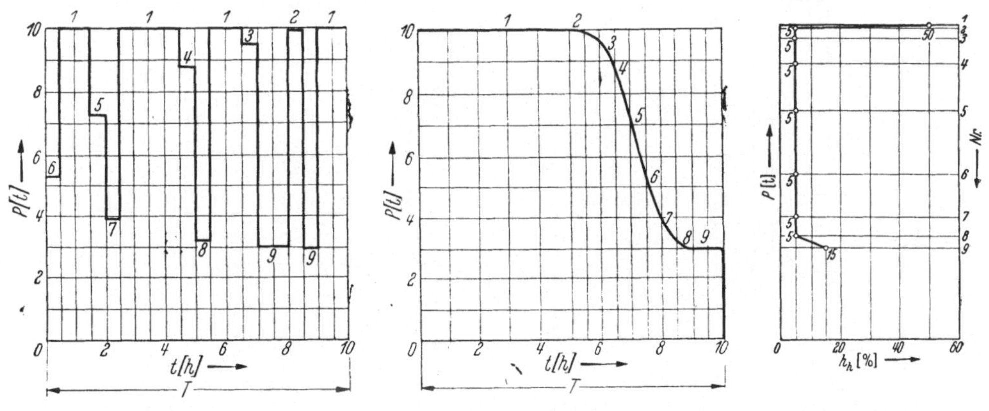

Abb. 65.
Belastungsbild bei Dauerbetrieb.

Abb. 66 u. 67. Summenkurve und prozentuale Belastungshäufigkeit h_b [%] zu Abb. 65.

Bei Dauerbetrieb ist die die Lebensdauer der Bauteile beeinflussende prozentuale Betriebsdauer $BD \approx 100\%$.

Die Zugkräfte $1 \cdots 9$ (Abb. 65) werden nach ihrer Größe und Wirkungszeit geordnet und ergeben die Summenkurve Abb. 66. Neben der Summenkurve ist das Schaubild der prozentualen Häufigkeit h_b [%] (Abb. 67) dargestellt, aus dem die prozentuale Häufigkeit der größten Zugkraft zu $h_b = 50\%$ entnommen wird. Prozentuale Häufigkeit der kleinsten Zugkraft: $h_b = 15\%$.

Als Beispiel für *aussetzenden Betrieb* gibt Abb. 68 das Belastungsbild eines Kranes mit der Tragkraft Q [%]. Bei aussetzendem Betrieb wechseln Arbeitszeiten und größere oder kleinere Ruhepausen in unregelmäßiger Folge ab.

[1] σ_{zul} zulässige Spannung des Werkstoffes in kg/cm².

2*

Im vorliegenden Fall ist die prozentuale Betriebsdauer $BD \approx 50\%$ (50% Ruhepausen während des Betriebsabschnittes T). Aus der Summenkurve Abb. 69 wird die prozentuale Häufigkeit der Höchstlast zu $h_b = 40\%$ und die der Kleinstlast zu $h_b = 20\%$ entnommen.

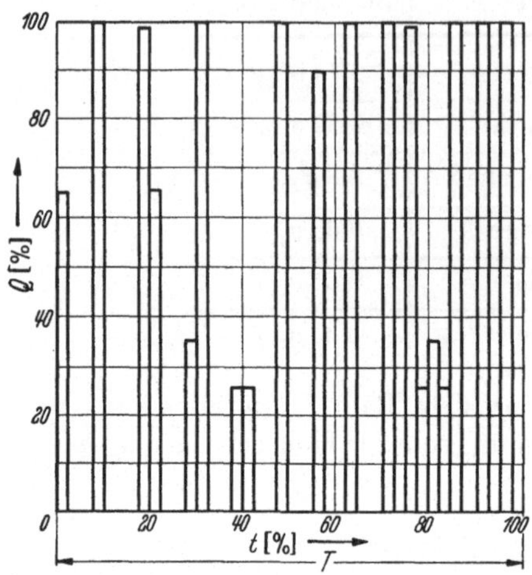

Abb. 68. Belastungsbild eines Kranes (aussetzender Betrieb).

Die Belastungsbilder Abb. 65 u. 68 sind angenommen. Im Betrieb ist ihr Verlauf meist unregelmäßig.

422 Beanspruchungsarten und Querschnittsbildung.

Die Querschnittsbildung ist abhängig von der Beanspruchungsart des Bauteils. Treten zwei Beanspruchungen (z. B. Biegung und Schub bzw. Biegung und Verdrehung) gleichzeitig auf, dann wird eine Vergleichsspannung aufgestellt, die für die Bemessung des Querschnitts maßgebend ist.

Biegung. Bei Konsolträgern (Freiträgern), die an eine Gebäudestütze oder an eine biegefeste Platte angeschlossen sind, zeigen Abb. 70⋯72 geeignete Querschnitte mit den zugehörigen Schweißquerschnitten.

Der T-Querschnitt Abb. 70 wird an meisten angewendet und ermöglicht die Anwendung doppelseitiger Kehlnähte. Der U-Querschnitt Abb. 71 ist aus Blech durch Abkanten hergestellt

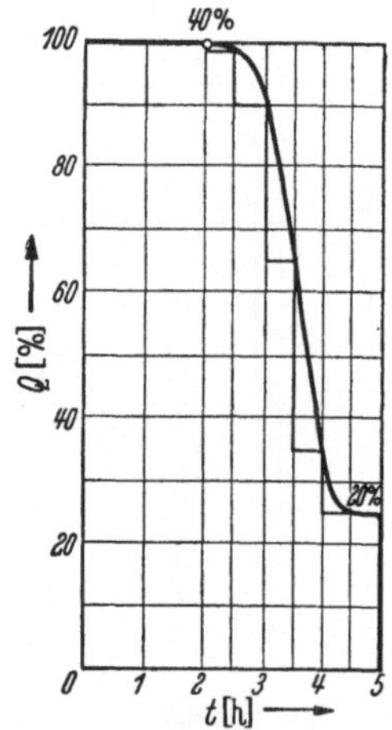

Abb. 69. Summenkurve zu Abb. 68.

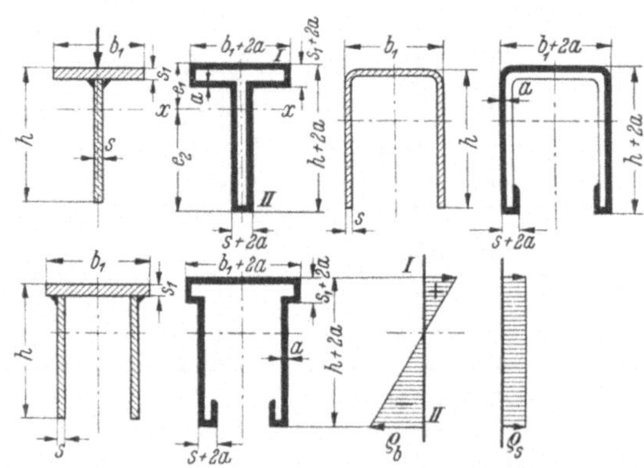

Abb. 70—73. Unsymmetrische Querschnittsformen und deren Schweißquerschnitte; Spannungslinien.

und nur durch eine einseitige Kehlnaht anschließbar. Für höhere Biegebeanspruchung ist der offene Kastenquerschnitt (Abb. 72) geeignet, der aber ebenfalls nur eine einseitige Kehlnaht zuläßt.

Bei dem kurzen Faserabstand e_1 der Schweißquerschnitte Abb. 70⋯72 ist das Widerstandsmoment an der Stelle I groß und die Biegespannung der Naht an der gefährdeten Zugfaser $+\varrho_{b1}$ ist klein, während die ungefährliche Druckspannung $-\varrho_{b2}$ (Abb. 73) groß ist.

Bei den auf Biegung beanspruchten Bauteilen tritt stets noch eine Schubspannung auf. Für den einfachen Konsolträger Abb. 74a ($h \cdot s = 150 \cdot 10$ mm) zeigt Abb. 74b den Verlauf der Biegespannung σ_b, der Schubspannung τ und der Vergleichsspannung σ_V nach der Schubspannungshypothese ($a_0 = 0{,}6$) im Werkstoffquerschnitt in Abhängigkeit von der Ausladung c [cm].

Die Biegekraft (Schubkraft) ist mit $P = 100$ kg angenommen. Widerstandsmoment des Querschnittes: $W_b = 38$ cm³; Querschnittsfläche $F = 15$ cm². Nach Abb. 74b ist bei c = 25,4 cm $\sigma_b = \tau$. Die Vergleichsspannung σ_V ist bei c = 10 cm um $\sim 200\%$ und bei c = 80 cm um $\sim 8{,}4\%$ größer als die Biegespannung σ_b. Bei großer Ausladung kann daher der Einfluß der Schubspannung vernachlässigt werden.

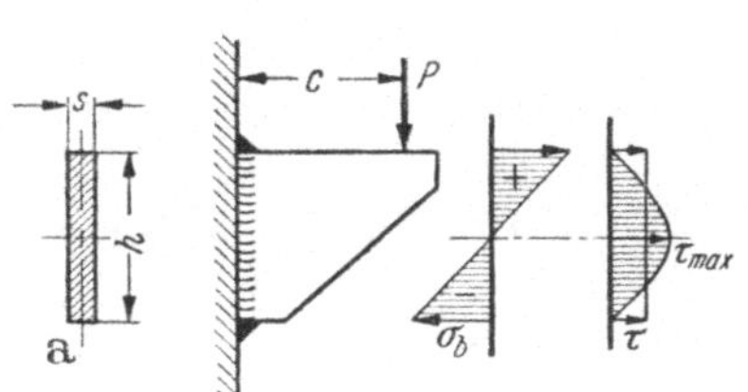
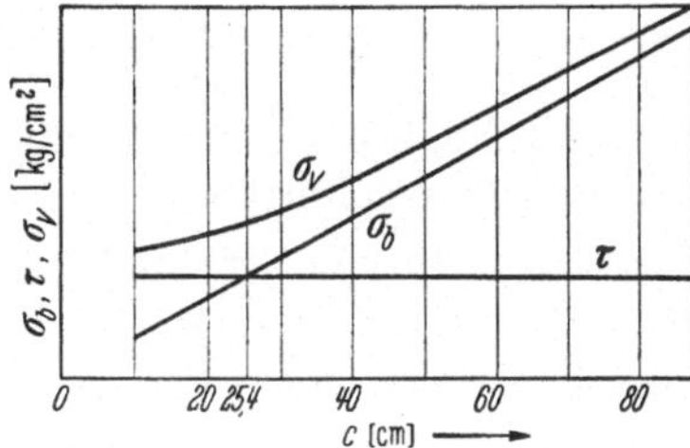

Abb. 74 a u. b.

Die symmetrischen Querschnitte (Abb. 75···77) werden bei Biegeträgern vielfach angewendet und sind besonders bei wechselnder Biegekraft $\pm P$ angebracht.

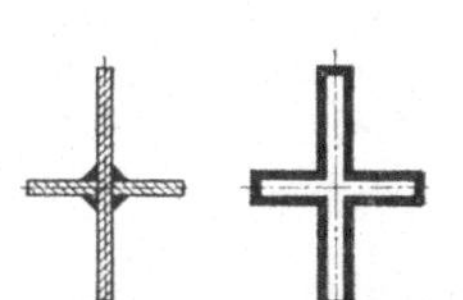
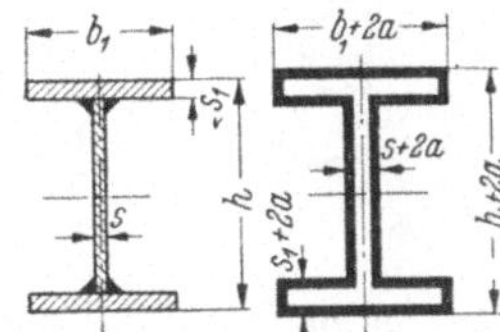
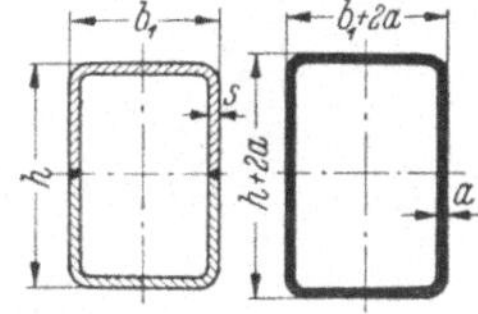

Abb. 75—77. Symmetrische Querschnittsformen und deren Schweißquerschnitte.

Der bei Lagerböcken (s. S. 69) öfters angewendete Kreuzquerschnitt Abb. 75 ist ungünstig, da an der äußersten, am höchsten beanspruchten Faser wenig Schweißquerschnitt vorhanden ist.

Bei der Berechnung der Schweißquerschnitte Abb. 70···72 und Abb. 75···77 auf Schub werden nur die Flankennähte berücksichtigt, während die Stirnnähte vernachlässigt werden.

Bei den Schweißanschlüssen mit symmetrischen Querschnitten (Abb. 75···77) tritt der Größtwert der Schubspannung an der Stelle auf, an der die Biegespannung gleich Null ist (Abb. 74a).

Für den rechteckigen Querschnitt Abb. 78 ist $\tau_{max} = 1{,}5\,\tau$, so daß sich die Aufstellung einer Vergleichsspannung an dieser Stelle erübrigt.

Bei dem auf Biegung beanspruchten Rohrquerschnitt (Abb. 79) ist der Größtwert der Schubspannung bei verhältnismäßig kleiner Wanddicke $\tau_{max} = 2\,\tau$.

Verdrehung. Am günstigsten hinsichtlich Verdrehungsbeanspruchung sind das Rohr (Abb. 80a) und der Kastenquerschnitt (Abb. 80b),—während der I-Querschnitt (Abb. 80c) nur wenig Verdrehung überträgt. Ein Vergleich der in Abb. 80 dargestellten Querschnittsformen mit dem gleichen Gewicht $g = 22$ kg/lfd. m [5] ergab bei derselben zulässigen Verdrehungsbeanspruchung (Tabelle 7) das Verhältnis $a:b:c = 1:0{,}98:0{,}086$.

Bei Biegung dagegen ist bei gleicher zulässiger Biegespannung das Verhältnis $a:b:c = 1:1{,}15:1{,}55$. Man wird daher bei Verdrehung dem Rohr und dem Kastenquerschnitt und bei Biegung dem I-Querschnitt den Vorzug geben.

Tabelle 7. *Abhängigkeit der Biege- und Drehfestigkeit von der Querschnittsform (Abb. 80a—c)* ·

Abb. 80	Querschnittsform —	M_b kgcm	M_t kgcm	g kg/lfd.m
a	Rohr	$58\,\sigma_{bzul}$	$116\,\tau_{tzul}$	22
b	Kastenquerschnitt	$67\,\sigma_{bzul}$	$113\,\tau_{tzul}$	22
c	I-Träger	$90\,\sigma_{bzul}$	$10\,\tau_{tzul}$	22

Starrheit. Nach KRUG [27 u. 28] ist die statische Starrheit eines auf Biegung beanspruchten Querschnittes:

Belastung durch Formänderung $= P/f = R = c \cdot 10^4$ [kg/μ], wobei c die Federkonstante in kg/cm ist.

Einheit der Starrheit: 1 kg/μ.

In Tabelle 8 sind für verschiedene Querschnittsformen von gleicher Höhe und den ein-

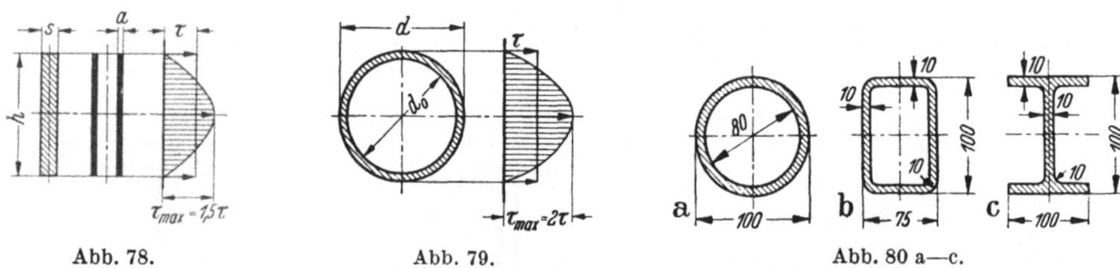

Abb. 78.   Abb. 79.   Abb. 80 a—c.

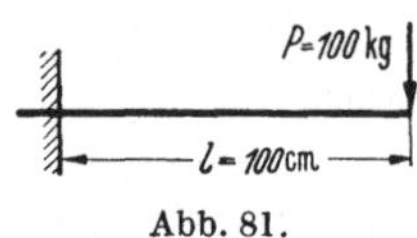

Abb. 81.

gespannten Träger nach Abb. 81 die Durchbiegung, die Starrheit und der erforderliche Werkstoffaufwand angegeben. Aus der Tabelle ist ersichtlich, daß der ⊏- und I-Querschnitt die größte Starrheit aufweisen. Der Werkstoffaufwand ist, abgesehen von dem ⊏ NP 10, nur wenig höher als bei dem einfachen Flachstahl. Man wird daher die Querschnittsformen 2 und 4···6 bevorzugen.

Tabelle 8. *Starrheit und Werkstoffaufwand bei Biegung (Abb. 81) und verschiedenen Querschnittsformen.*

Nr.	Querschnittsform		1	2	3	4	5	6
1	Trägheitsmoment J_x [cm⁴]		83	144	206	171	180	146
2	Durchbiegung (Abb. 81), f [cm]		0,184	0,105	0,074	0,089	0,085	0,104
3	Starrheit	kg/μ	0,55	0,95	1,35	1,13	1,18	0,96
		%	100	170	246	205	214	175
4	Werkstoffaufwand	kg/lfd.m	7,85	7,5	10,6	8,32	8,9	8,8
		%	100	95	135	106	114	112

423 Berechnungsverfahren.

Die Berechnung auf Dauerhaltbarkeit ist durchführbar mit den Sicherheitswerten oder mit zulässigen Spannungen.

4231 Berechnung mit den Sicherheitswerten. *1. Angriff.* Die an den Bauteilen „angreifenden" Kräfte P und Momente M werden im folgenden kurz als „Angriff" bezeichnet.

Maßgebend für die Berechnung auf Dauerhaltbarkeit sind die Art und Größe des Angriffs, die prozentuale Häufigkeit der Höchstbelastung h_b [%] und die betriebsmäßig auftretenden Stöße.

Die prozentuale Belastungshäufigkeit h_b [%] ist abhängig von der Betriebsart der Maschine bzw. des Bauteils und wird aus dem Belastungsbild bzw. der aus ihm entworfenen Summenkurve ermittelt (s. Abschn. 421).

Da meist kein Belastungsbild und keine Summenkurve vorliegen, müssen Größe und Häufigkeit des Angriffs nach ähnlichen Ausführungen geschätzt werden.

Der Angriff ist ruhend oder oftmals wiederholt wirkend (schwingend). Die Schwingungskraft kann eine Schwellkraft (Zugkraft $+P$ bzw. Druckkraft $-P$) oder eine Wechselkraft $\pm P$ sein. Die Schwingungskraft schwankt mit der Belastung der Maschine zwischen einem Höchstwert (bei Vollast) und einem Mindestwert (bei Leerlauf). Das gleiche gilt auch für die an den Bauteilen angreifenden Momente M_b bzw. M_t.

Bei Festlegung des Angriffs sind außer den Hauptkräften (Betriebskräften) noch etwaige Zusatzkräfte (Massenkräfte und dergleichen) zu berücksichtigen.

Der Angriff (Kräfte P und Momente M) ist durch prozentuale Zuschläge zu *steigern* bei:

1). Unsicherheit in der Größe des Angriffs. Sind die an dem Bauteil wirkenden Kräfte und Momente und deren prozentuale Häufigkeit nur ungenügend bekannt, dann mache man einen Zuschlag von $20\cdots30\%$;

2). Lebenswichtigkeit des Bauteils. Sind bei etwaigem Bruch des Bauteils Menschenleben gefährdet oder ist eine Zerstörung der Maschine zu befürchten, dann mache man einen Sicherheitszuschlag von $30\cdots50\%$.

Die in der Maschine auftretenden *betriebsmäßigen Stöße* werden durch die Stoßzahl φ berücksichtigt.

Für kleine bzw. schwache Stöße ist $\varphi = 1{,}0\cdots1{,}1$, für mittelstarke Stöße $= 1{,}2\cdots1{,}5$, für starke Stöße $= 2$, und für sehr starke Stöße (z. B. bei Steinbrechern) setze man $\varphi \approx 3$.

Der Einfluß hoher bzw. tiefer Temperaturen sowie etwaiger Korrosionsangriff werden bei der Dauerfestigkeit des gewählten Werkstoffs in Rechnung gezogen.

2. Nennspannungen. Beim Entwurf eines Bauteils werden die Abmessungen der Schweißnähte auf Grund der Erfahrung oder anhand ähnlicher bewährter Ausführungen angenommen.

Aus dem Angriff (s. unter 1.) werden die in den Schweißnähten bzw. in den Anschlußquerschnitten auftretenden Nennspannungen nach den allgemeinen Regeln der Festigkeitslehre [7] berechnet.

Die Nennspannungen in den Schweißnähten werden mit ϱ_n und die in den Anschlußquerschnitten mit σ_n bzw. τ_n bezeichnet. An Stelle des Zeigers n treten die den verschiedenen Beanspruchungsarten entsprechenden Zeiger (z. B. z für Zug).

Bei Berechnung der Nahtspannungen bleiben etwaige Eigenspannungen (Schrumpfspannungen) unberücksichtigt.

Tritt in einem Nahtquerschnitt außer der Normalspannung ϱ (ϱ_z bei Zug, ϱ_b bei Biegung) noch eine Schubspannung ϱ_s auf, dann bestimme man die Vergleichspannung nach der einfachen Formel

$$\varrho_V = \sqrt{\varrho^2 + \varrho_s^2} \ [\text{kg/cm}^2]. \tag{12}$$

Die an den gefährdeten Stellen der Bauteile (Naht- oder Anschlußquerschnitt) berechneten Nennspannungen lassen sich, ebenso wie der Angriff für einen bestimmten Betriebsabschnitt, als Summenkurven darstellen.

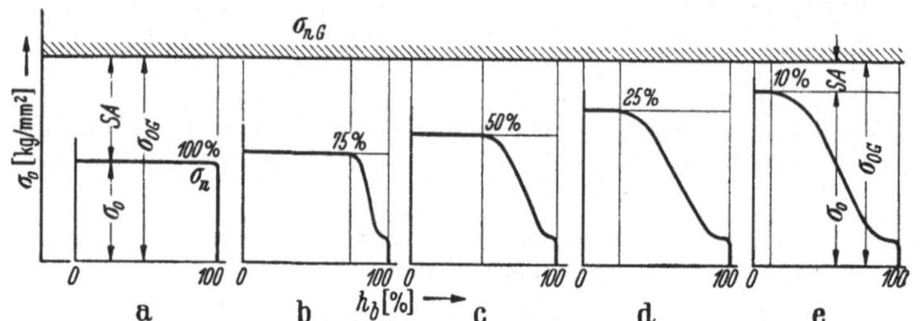

Abb. 82 a···e zeigt die Summenkurven mit der Oberspannung σ_0 bei der prozentualen Häufigkeit des Spannungs-Größtwertes $h_b = 100\%$ bis herab auf 10%. Mit abnehmendem Sicherheitsabstand SA von der Nennspannung σ_{nG} im Gefahrenzustand (s. unter 3) wird die ertragbare Spannung σ_0 größer, und der Bauteil kann entsprechend schwächer bemessen werden.

Abb. 82 a—e. Summenkurven der Nennspannung σ_n bei der prozentualen Häufigkeit des größten Spannungswertes $h_b = 10\cdots100\%$.

3. Nennspannung im Gefahrenzustand. Die wirkliche Spannung ϱ_G im Nahtquerschnitt bzw. σ_G im Anschlußquerschnitt, bei der der Bauteil brechen würde, kann nur durch betriebsmäßige bzw. betriebsähnliche Versuche an den naturgroßen Bauteilen selbst bestimmt werden. Da derartige Versuche noch nicht vorliegen und in absehbarer Zeit nicht zu erwarten sind, tritt an Stelle der wirklichen Spannung die Nennspannung ϱ_{nG} bzw. σ_{nG}.

Die Nennspannung im Gefahrenzustand wird mit der aus dem Dauerfestigkeits-Schaubild des gewählten Werkstoffs (s. S. 7) entnommenen Dauerfestigkeit σ_D und mit folgenden Beiwerten berechnet:

Beiwert α_0 für die Schweißgüte (s. S. 9). Für normale Konstruktionsschweißung „N" ist $\alpha_0 = 0,5$. Für die bei der Berechnung auf Dauerhaltbarkeit in Betracht kommende Festschweißung „F" ist $\alpha_0 = 1$.

Beiwert α für die Nahtform und Belastungsart (Gestaltbeiwert oder Formzahl). Er beruht auf den mit den Schweißverbindungen erhaltenen Versuchswerten (s. S. 17).

In Tabelle 9 sind die α-Werte für Zug-Druck, Biegung und Schub zusammengestellt. Die Werte entsprechen den von Bobek[4] aufgestellten, sind jedoch nicht auf die gute Stumpfnaht, sondern auf den Werkstoff im Anlieferungszustand (mit Walzhaut) bezogen. Da nicht ausreichend Versuche mit den Schweißverbindungen vorliegen, sind die Werte zum Teil geschätzt.

Beiwert β zur Berücksichtigung der in der Schweißverbindung vorhandenen Eigenspannungen (Schrumpfspannungen). Die Schrumpfspannungen sind Zug- oder Druckspannungen.

Ist der Querschnitt auf Zug beansprucht, dann wird die Dauerhaltbarkeit der Schweißverbindung durch eine Zugvorspannung vermindert. Beiwert $\beta = 0,8\cdots0,9$. Ist die Vorspannung eine Druckspannung, dann wird die Dauerhaltbarkeit des Schweißanschlusses erhöht. Da die Größe der Schrumpfspannungen nicht oder nur schwer nachzuprüfen ist, wird auf eine Erhöhung des Beiwertes verzichtet und $\beta = 1$ gesetzt.

Für den *Nahtquerschnitt* ist die Nennspannung im Gefahrenzustand (Oberspannung):

$$\varrho_{OG} = \alpha_o\,\alpha\,\beta\,\sigma_O \ [\text{kg/cm}^2] \tag{13}$$

Die Dauerfestigkeit, Oberspannung σ_O [kg/cm²] wird aus dem Dauerfestigkeits-Schaubild des Werkstoffs (s. S. 7) entnommen.

In das Dauerfestigkeits-Schaubild Abb. 83 S. 26 sind eingetragen die Nennspannung ϱ_n im Schweißquerschnitt und die Nennspannung im Gefahrenzustand ϱ_{nG}.

Da
$$\varrho_m/\varrho_0 = \varrho_{MG}/\varrho_{OG}$$
$$= \sigma_M/\sigma_0 = \text{konst.}$$
ist, liegen ähnliche Spannungszustände vor.

Für den *Anschlußquerschnitt* ist die Nennspannung im Gefahrenzustand (Oberspannung)

$$\sigma_{OG} = \alpha\,\beta\,\sigma_0 \ [\text{kg/cm}^2]. \quad (14)$$

In Abb. 84 ist die Summenkurve der Nennspannung σ_n der Nennspannung im Gefahrenzustand σ_{nG} für Schwellzugfestigkeit mit positiver Vorspannung gegenübergestellt. Während die Spannungswelle der prüfmäßigen Dauerfestigkeit σ_D sinusförmig verläuft, verlaufen die σ_n- und σ_{nG}-Wellen im Betrieb meist unregelmäßig.

Da ähnliche Spannungszustände vorliegen, ist
$$\sigma_m/\sigma_0 = \sigma_{MG}/\sigma_{OG}$$
$$= \sigma_M/\sigma_0.$$

4. Sicherheit. Die *vorhandene Sicherheit* wird gekennzeichnet durch den Sicherheitsabstand SA der Nennspannung gegen die Nennspannung im Gefahrenzustand.

Für den Nahtquerschnitt ist die vorhandene Sicherheit (Abb. 83):
$$\nu_{vorh} = \varrho_{OG}/\varrho_0. \quad (15)$$

Für den Anschlußquerschnitt (Abb. 84) ist
$$\nu_{vorh} = \sigma_{OG}/\sigma_0. \quad (16)$$

Tabelle 9. *Beiwerte α für Nahtform und Belastungsart.*

Belastungsart		Stumpfnähte		Kehlnähte						
		Wurzelverschweißung		Flankennähte		Stirnnähte (⊥-Stoß)				
				Endkrater		einseitige Flachnaht	doppelseitige		Versenkte Kehlnähte	
									Fuge	
		ohne	mit	unbearbeitet	bearbeitet		Flachnaht	Hohlnaht	mit	ohne
1		2	3	4	5	6	7	8	9	10
Zug-Druck	N	0,45	0,8[1]	—	—	0,25	0,32…0,35	0,45	0,5	0,7
	A	0,45	0,8[2]	0,30…0,36	0,50…0,55	—	0,50…0,6	0,7…0,8	0,6	0,7
Biegung	N	0,45	0,8	—	—	0,35[3]	0,7	0,8	0,7	0,9
	A	0,55	0,9	—	—	—	0,8	0,9	0,8	0,8
Schub	N	0,37	0,6	—	—	0,20	0,35	0,4	0,40	0,6

N Naht-, A Anschlußquerschnitt. — [1] Naht bearbeitet 0,9…0,95. — [2] Desgleichen 0,95…1,0. — [3] Bei Kastenquerschnitten (Biegung).

Die *erforderliche Sicherheit* v_{erf} ist abhängig von der Betriebsart des Bauteils, seiner Beanspruchungsart und der verlangten Lebensdauer.

Bei der meist in Frage kommenden beliebig langen Lebensdauer lassen sich bei normalen Betriebsbedingungen Mindestsicherheitswerte angeben, die im allgemeinen nicht unterschritten werden sollen.

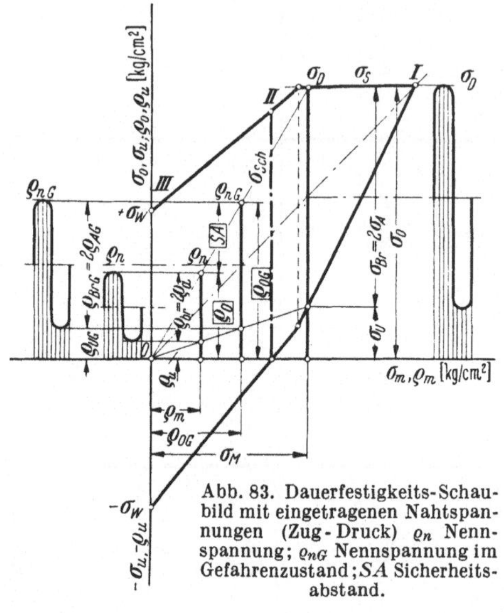

Abb. 83. Dauerfestigkeits-Schaubild mit eingetragenen Nahtspannungen (Zug - Druck) ϱ_n Nennspannung; ϱ_{nG} Nennspannung im Gefahrenzustand; SA Sicherheitsabstand.

In Abb. 85 sind die Mindestsicherheitswerte v_{erf} unter dem Dauerfestigkeits-Schaubild für Zug - Druck dargestellt. Sie gelten bei oftmals wiederholter (schwingender) Beanspruchung für eine prozentuale Häufigkeit der Höchstbelastung $h_b = 100\%$ und für stoßfreien Betrieb.

Mit abnehmender prozentualer Häufigkeit h_b [%] kann die Sicherheit vermindert und der Bauteil kann entsprechend schwächer bemessen werden.

Abb. 86 gibt die Verminderung des Sicherheitswertes v_{erf} mit abnehmender prozentualer Häufigkeit h_b [%] der Höchstlast für den Wechselbereich II—III in Abb. 85.

Bei sehr kleiner prozentualer Häufigkeit (unter 10%) kann die Sicherheit den Wert nahe bei 1 erreichen, da Zweistufenversuche mit Überlast (s. S. 5) ergeben haben, daß bei kleiner Schwingungszahl der Überlast keine Schädigung der Dauerfestigkeit auftritt.

Im Schwellbereich (I—II in Abb. 85) sind die mit abnehmender prozentualer Häufigkeit kleiner werdenden v_{erf}-Werte für ein bestimmtes Verhältnis σ_m/σ_o zu ermitteln, wobei $\sigma_m/\sigma_o = 0,5 \cdots 1$ ist [33, III. Bd.].

4232 Zulässige Spannung. Wird mit zulässigen Spannungen gerechnet, dann ist die zulässige Spannung von Fall zu Fall zu bestimmen.

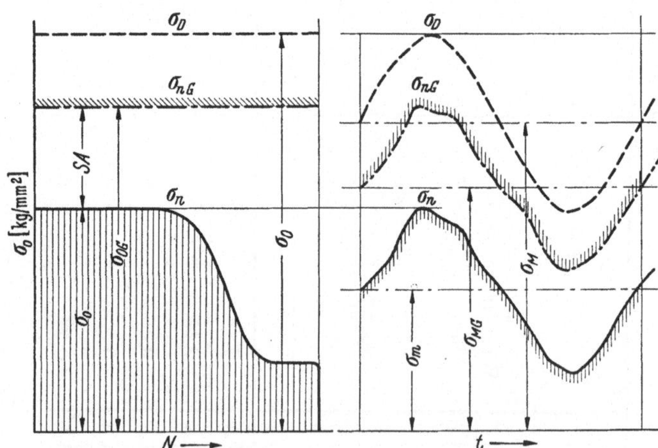

Abb. 84. Spannungszustände bei Schwellzugbeanspruchung mit positiver Vorspannung; σ_n Summenkurve der Nennspannung; σ_{nG} Nennspannung im Gefahrenzustand; σ_D Dauerfestigkeit; SA Sicherheitsabstand.

Für den ungeschwächten *Werkstoffquerschnitt* werden die zulässigen Spannungen σ_{zul} mit den aus den Dauerfestigkeits-Schaubildern der Stähle (s. S. 7) entnommenen Festigkeitswerten bestimmt.

In das Dauerfestigkeits-Schaubild (Zug-Druck des St 37, Abb. 87) sind die zulässigen Spannungen σ_{zul} [kg/mm²] eingezeichnet. Im Belastungsfall I ist $\sigma_{zul} = \sigma_S/v_{erf}$, wobei $v_{erf} = 1,5$ bzw. 2 angenommen ist. Bei schwingender Beanspruchung sind die σ_{zul}-Werte mit den Sicherheitswerten $v_{erf} = 2$ und 3 (Abb. 85, S. 27) berechnet und gelten für die prozentuale Häufigkeit der Höchstlast $h_b = 100\%$.

Für die Belastungsfälle II und III (Abb. 88) sind die zulässigen Spannungen σ_{zul} [kg/mm²] für St 37 in Abhängigkeit von der prozentualen Häufigkeit h_b [%] dargestellt.

Für den *Nahtquerschnitt* ist die zulässige Spannung mit Gl. (13) S. 24 unter Einsetzen der Stoßzahl φ (s. S. 23) und der erforderlichen Sicherheri v_{erf} (s. S. 26)

$$\varrho_{zul} = \varrho_{OG}/\varphi\, v_{erf} = \alpha_0\, \alpha\, \beta\, \sigma_0/\varphi\, v_{erf} \ [\text{kg/cm}^2]. \tag{17}$$

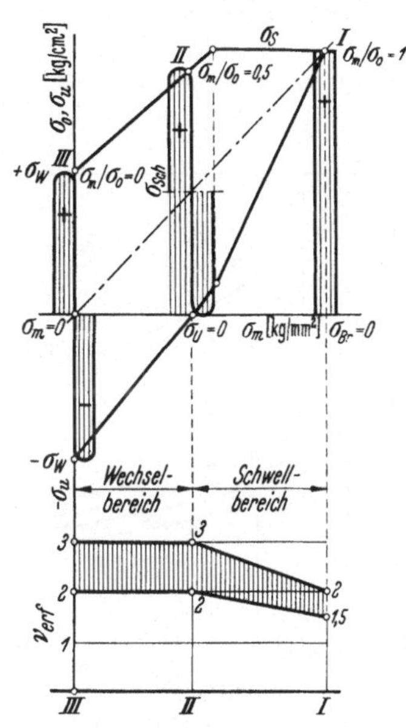

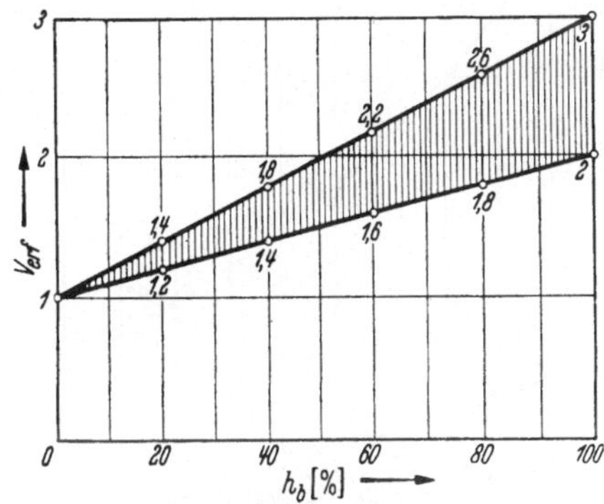

Abb. 86. Erforderliche Sicherheitswerte v_{erf} im Wechselbereich in Abhängigkeit von der prozentualen Häufigkeit h_b [%].

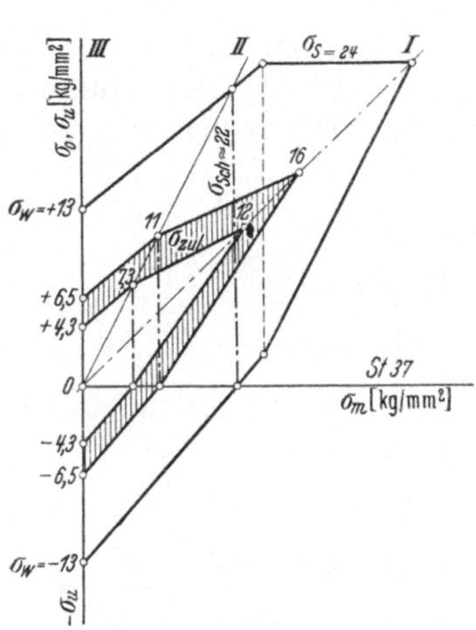

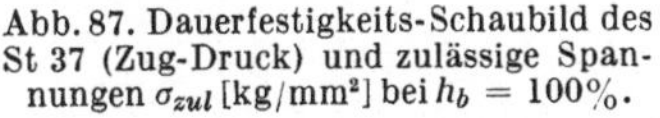

Abb. 85. Dauerfestigkeits-Schaubild und erforderliche Sicherheitswerte v_{erf} bei der prozentualen Häufigkeit der Höchstbelastung $h_b = 100\%$. I···III Belastungsfälle nach Bach.

Für den *Anschlußquerschnitt* ist die zulässige Spannung mit Gl. (14) S. 25:

$$\sigma_{zul} = \sigma_{OG}/\varphi\, v_{erf} = \alpha\, \beta\, \sigma_0/\varphi\, v_{erf}. \tag{18}$$

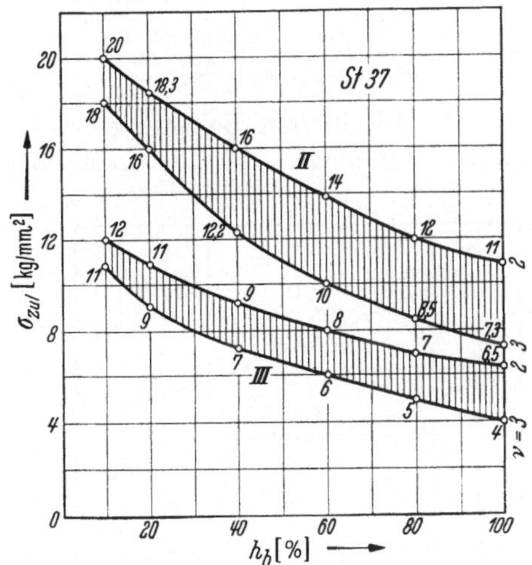

Abb. 87. Dauerfestigkeits-Schaubild des St 37 (Zug-Druck) und zulässige Spannungen σ_{zul} [kg/mm²] bei $h_b = 100\%$.

Abb. 88. Zulässige Spannungen des St 37 σ_{zul} [kg/mm²] in Abhängigkeit von der prozentualen Häufigkeit h_b [%] in den Belastungsfällen II u. III.

In Abb. 89 sind die zulässigen Spannungen der Naht- und Anschlußquerschnitte ϱ_{zul} bzw. σ_{zul} [kg/cm²] der Schweißverbindungen für St 37 und reine Schwellzugfestigkeit (Belastungsfall II) in Abhängigkeit von der prozentualen Häufigkeit h_b [%] der Höchstlast dargestellt.

Die Werte sind ohne den Beiwert β und ohne die Stoßzahl φ mit den kleineren erforderlichen Sicherheitswerten in Abb. 86 S. 27 berechnet.

Abb. 90 gibt die zulässigen Spannungen für reine Wechselfestigkeit (Belastungsfall III).

Aus den Abbildungen ersieht man die Überlegenheit der guten Stumpfnaht (Schaulinie a) gegenüber den Flanken- und Stirnkehlnähten (Schaulinien $b \cdots e$).

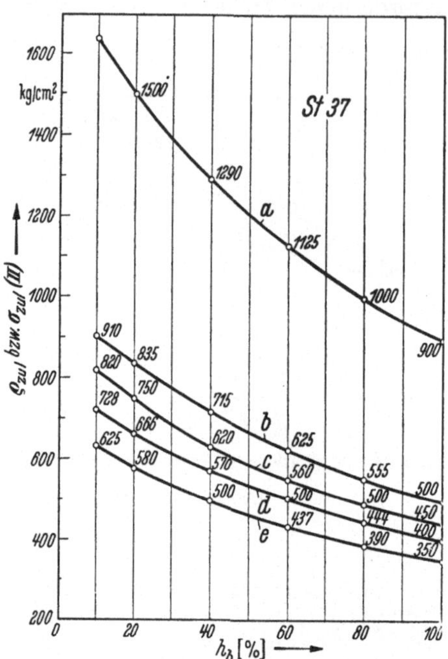

Abb. 89. Zulässige Spannungen der Schweißverbindungen ϱ_{zul} (Naht) bzw. σ_{zul} (Anschluß) in Abhängigkeit von der prozentualen Häufigkeit der Höchstbelastung h_b [%]. Belastungsart: reine Schwellfestigkeit (II). Werkstoff: St 37. a V-Naht mit Wurzelverschweißung und X-Naht (Naht und Anschluß); b Flankenkehlnaht mit Bearbeitung der Endkrater (Anschluß); c T-Stoß mit Hohlnähten (Nahtquerschnitt); d T-Stoß mit Flachnähten (Nahtquerschnitt); e Flankennähte ohne Bearbeitung der Endkrater.

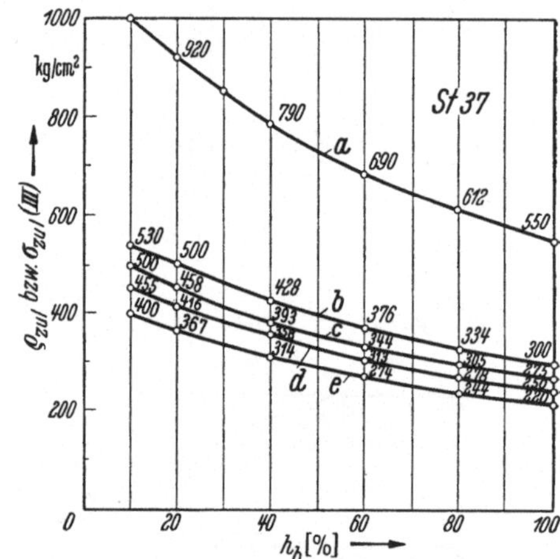

Abb. 90. Zulässige Spannungen der Schweißverbindungen ϱ_{zul} (Naht) bzw. σ_{zul} (Anschluß) in Abhängigkeit von der prozentualen Häufigkeit der Höchstbelastung h_b [%]. Belastungsart: Reine Wechselfestigkeit (III); Werkstoff: St 37. Bezeichnungen wie in Abb. 89.

Abb. 91: Zulässige Verdrehungsspannungen ϱ_{tzul} [kg/cm²] der Rundnähte (Abb. 62, S. 18) in den Belastungsfällen II und III in Abhängigkeit von der prozentualen Häufigkeit h_b [%] des größten Drehmomentes.

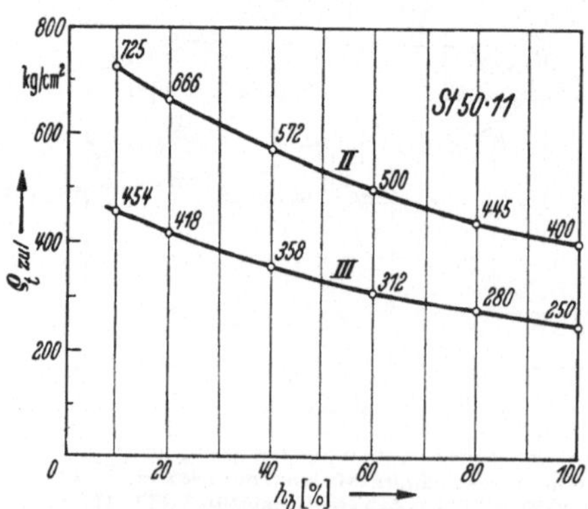

Abb. 91. Zulässige Verdrehungsspannung ϱ_{tzul} [kg/cm²] der Rundnähte (Abb. 62) in Abhängigkeit von der prozentualen Häufigkeit h_b [%]. Belastungsart: Schwellfestigkeit (II) und Wechselfestigkeit (III). Werkstoff: St 50.11 und St 37.

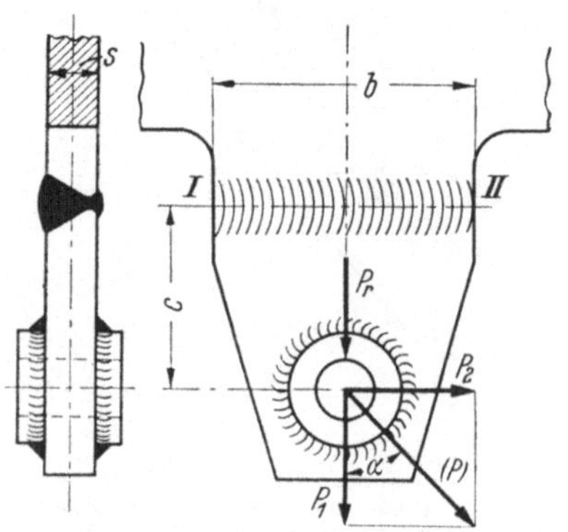

Abb. 92.
Schweißanschluß eines Gelenkauges.

424 Berechnungsbeispiele.

Beispiel 1. Schweißanschluß des in Abb. 92 dargestellten Gelenkauges.

Nahtart: V-Naht mit Wurzelverschweißung.

Abmessungen (Abb. 92): $b = 120$ mm; $s = 20$ mm; $c = 85$ mm. Werkstoff: St 37.

Ruhende Kraft: $P_r = 2500$ kg; Schwingungskraft: $P = 3500$ kg. Winkel $\alpha = 45°$; prozentuale Häufigkeit der Schwingungskraft $h_b = 100\%$; Stoßzahl $\varphi = 1,2$; Schweißgüte: „F" (s. S. 9).

1. Angriff. Beanspruchungsart: Zug, Biegung und Schub.

Ruhende Zugkraft: $P_r = 2500$ kg. Zerlegung der Schwingungskraft $P = 3500$ kg ergibt die Komponenten $P_1 = P_2 = 0{,}707 \cdot 3500 \approx 2480$ kg. P_1 Schwellzugkraft, P_2 Biege- und Schubkraft.

Biegemoment: $M_b = Pc = 2480 \cdot 8{,}5 \approx 21000$ kgcm.

2. Nennspannungen. Querschnittsfläche der Naht $F_{Schw} = bs = 12 \cdot 2 = 24$ cm²; Widerstandsmoment: $W_{Schw} = bs^2/6 = 2 \cdot 12^2/6 \approx 48$ cm³.

Unterspannung:
$$\varrho_u = \varrho_z = P_r/F_{Schw} = 2500/24 \approx + 104 \text{ kg/cm}^2.$$

Schwingungsbreite aus der Zugkraft P_1:
$$\varrho_{br1} = \varrho'_z = \varphi P_1/F_{Schw} = 1{,}2 \cdot 2480/24 \approx + 125 \text{ kg/cm}^2.$$

Schwingungsbreite aus dem Biegemoment:
$$\varrho_{br2} = \varrho_b = \varphi M_b/W_{Schw} = 1{,}2 \cdot 21000/48 \approx + \text{ bzw. } - 527 \text{ kg/cm}^2.$$

Resultierende Spannungen (Abb. 93 S. 30):
$$\varrho_{rI} = \varrho_z + \varrho_{br1} + \varrho_{br2} = + 104 + 125 + 527 = + 756 \text{ kg/cm}^2.$$
$$\varrho_{rII} = \varrho_z + \varrho_{br1} - \varrho_{br2} = + 104 + 125 - 527 = - 298 \text{ kg/cm}^2.$$

Schubspannung durch die Biegekraft
$$\varrho_s = \varphi P_2/F_{Schw} = 1{,}2 \cdot 2480/24 \approx 125 \text{ kg/cm}^2.$$

Größtwert (Abb. 93) $\varrho_{s_{maw}} = 1{,}5\varrho = 1{,}5 \cdot 125 \approx 188 \text{ kg/cm}^2.$

Die Aufstellung einer Vergleichsspannung erübrigt sich.

3. Zulässige Spannung (s. S. 26):
$$\varrho_{zul} = \alpha_0 \alpha \beta \sigma_0/\nu_{erf} = 1 \cdot 0{,}8 \cdot 0{,}9 \cdot 2400/2 \approx 865 \text{ kg/cm}^2.$$

Beispiel 2. Geschweißter Hebel zum Kupplungsgestänge eines Baggers.

Abmessungen (Abb. 94): $l = 230$ mm; $b = 70$ mm; $s = 12$ mm; $c = 110$ mm; $d = 60$ mm. Nahtdicke: $a = 5$ mm ang. Werkstoff: St 37; Schweißgüte „F" (s. S. 9).

Hebelkraft: $P = 220$ kg; prozentuale Häufigkeit der größten Hebelkraft: $h_b = 100\%$; Stoßzahl: $\varphi = 1{,}2$.

a) Nahtquerschnitt (I—I Abb. 94 a).

1. Angriff. Beanspruchungsart: Biegeschwellfestigkeit und Schub. Abstand der Biegekraft: $l_1 = 175$ mm. Biegemoment:
$$M_b = Pl_1 = 220 \cdot 17{,}5 \approx 3850 \text{ kgcm}.$$

Schubkraft: $P = 220$ kg.

2. Nennspannungen. Widerstandsmoment des Schweißquerschnittes (Abb. 94a):
$$W_{Schw} = (s + 2a) \cdot (b + 2a)^2/6 - sb^2/6 \approx 14 \text{ cm}^3.$$

Querschnittsfläche:
$$F_{Schw} = (s + 2a) \cdot (b + 2a) - sb \approx 9{,}2 \text{ cm}^2.$$

Biegespannung (Abb. 94b):
$$\varrho_b = \varrho_o = \varphi M_b/W_{Schw} = 1{,}2 \cdot 3850/14 \approx 330 \text{ kg/cm}^2.$$

Schubspannung:
$$\varrho_s = \varphi P/F_{Schw} = 1{,}2 \cdot 220/9{,}2 \approx 29 \text{ kg/cm}^2.$$

Da sie noch nicht 10% der Biegespannung beträgt, erübrigt sich die Aufstellung einer Vergleichsspannung.

3. Nennspannung im Gefahrenzustand (Abb. 95).

Oberspannung:

$$\varrho_{OG} = \alpha_0 \alpha \beta \sigma_0 = 1 \cdot 0{,}35 \cdot 0{,}9 \cdot 2200 \approx 700 \text{ kg/cm}^2.$$

Beiwert für Nahtform und Belastungsart (Gestaltbeiwert) s. S. 25; Beiwert zur Berücksichtigung der Schrumpfspannungen s. S. 24. Werkstoff-Festigkeit (Abb. 95): $\sigma_0 = \sigma_{Sch} \approx$ 2200 kg/cm².

4. Sicherheit. Vorhandene Sicherheit:

$$v_{vorh} = \varrho_{OG}/\varrho_0 = 700/330 \approx 2{,}1.$$

Erforderliche Sicherheit bei $h_b = 100\%$ (s. S. 27) $v_{erf} = 2\cdots3$.

b) Anschlußquerschnitt (II—II in Abb. 94).

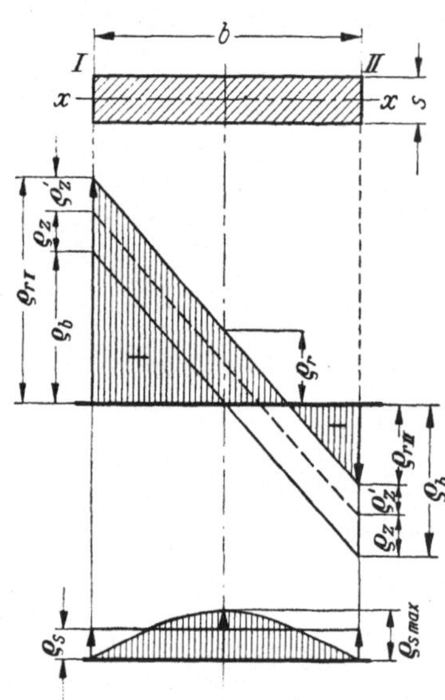

Abb. 93.

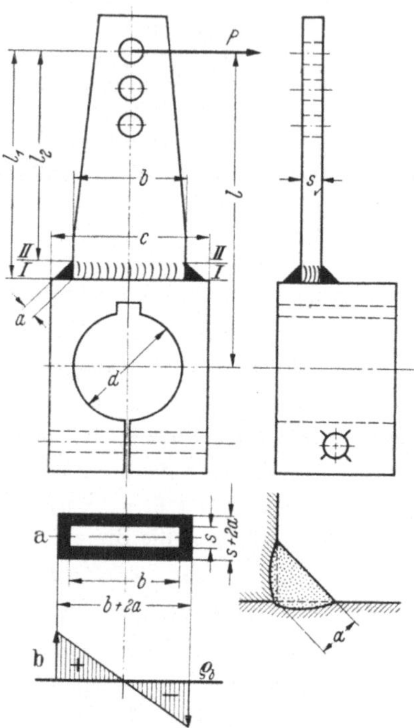

Abb. 94. Geschweißter Hebel zum Kupplungsgestänge eines Baggers.

1. Angriff. Abstand der Hebelkraft

$$l_2 = l_1 - 1{,}414a = 175 - 7 = 168 \text{ mm}.$$

Biegemoment:

$$M_b = Pl_2 = 220 \cdot 16{,}8 \approx 3700 \text{ kgcm}.$$

2. Nennspannung. Widerstandsmoment:

$$W_b = sb^2/6 = 1{,}2 \cdot 7^2/6 \approx 9{,}8 \text{ cm}^3.$$

Biegespannung: $\sigma_b = \sigma_0 = \varphi M_b/W_b = 1{,}2 \cdot 3700/9{,}8 \approx 454 \text{ kg/cm}^2.$

3. Nennspannung im Gefahrenzustand (Oberspannung):

$$\sigma_{OG} = \alpha \beta \sigma_0 = 0{,}7 \cdot 0{,}9 \cdot 2200 \approx 1380 \text{ kg/cm}^2.$$

4. Sicherheit. Vorhandene Sicherheit (Abb. 95):

$$v_{vorh} = \sigma_{OG}/\sigma_0 = 1380/454 \approx 3{,}0.$$

Erforderliche Sicherheit: $v_{erf} = 2\cdots3$.

Beispiel 3. An eine Stütze *IP36* angeschweißte Konsole (Abb. 96)[1], die durch die ruhende Kraft $Q = 4600$ kg belastet ist. Ausladung: $c = 150$ mm; Abmessungen (Abb. 96): $h = 180$ mm; $h_s = 165$ mm; $s = 10$ mm; $b = 120$ mm; (Abb. 97) $s_1 = 15$ mm.

Nahtdicke: $a = 5$ mm ang. Werkstoff: St 37. Schweißgüte „N" (normale Konstruktionsschweißung).

---

[1] In Abb. 96 ist statt b der Wert s_1 zu setzen.

Berechnet wird der Nahtquerschnitt (I—II in Abb. 96).

1. Angriff. Beanspruchungsart: Biegung und Schub. Biegemoment:

$$M_b = Qc = 4600 \cdot 15 \approx 69\,000 \text{ kgcm.}$$

Schubkraft: $Q = 4600$ kg.

2. Nennspannungen. Fläche des Nahtquerschnittes (Abb. 97): $F \approx 31$ cm²; Faserabstände $e_1 = 65$ mm; $e_2 = 125$ mm; Trägheitsmoment $J_x \approx 1150$ cm⁴; Widerstandsmomente:

$$W_1 \approx 177 \text{ cm}^3; \quad W_2 \approx 92 \text{ cm}^3.$$

Biegespannungen (Abb. 97):

$$\varrho_{b1} = M_b/W_1 = 69\,000/177 \approx +390 \text{ kg/cm}^2;$$
$$\varrho_{b2} = M_b/W_2 = 69\,000/92 \approx -750 \text{ kg/cm}^2.$$

Übertragung der Schubkraft durch die Flankennähte. Querschnittsfläche: $F_f \approx 17$ cm². Schubspannung:

$$\varrho_s = Q/F_f = 4600/17 \approx 270 \text{ kg/cm}^2. \quad \varrho_{s\,max}$$
$$= 1,5 \cdot 270 \approx 405 \text{ kg/cm}^2.$$

Vergleichsspannung (Stelle *III* in Abb. 97)

$$\varrho_V = \sqrt{\varrho_b^2 + \varrho_s^2} = \sqrt{250^2 + 270^2} \approx 368 \text{ kg/cm}^2.$$

3. Zulässige Spannungen. Zulässige Spannung des Werkstoffs: $\varrho_{zul} = 1400$ kg/cm².

Zulässige Spannung der Flanken- und Stirnkehlnähte (Tabelle 6 S. 19):

$$\varrho_{zul} = 0,65\,\sigma_{zul} = 0,65 \cdot 1400 = 910 \text{ kg/cm}^2.$$

Beispiel 4. Bremswelle mit aufgeschweißten Hebeln. Abmessungen (Abb. 98): $d_1 = 80$ mm; $d_2 = 90$ mm; $d_3 = 100$ mm; $d_4 = 110$ mm; $l = 180$ mm; $l_1 = 180$ mm; $b = 50$ mm. Nahtdicke: $a = 8$ mm; Werkstoff der Welle St 50.11, der Hebel: St 37. Schweißgüte: „F" (Festschweißung). Hebelkraft: $P = 2050$ kg; prozentuale Häufigkeit der Hebelkraft: $h_b = 100\%$; Stoßzahl: $\varphi = 1,2$.

a) Schweißanschluß der Hebel

1. Angriff. Beanspruchungsart: Drehungsschwellfestigkeit. Die in den Nähten noch auftretende kleine Biegeschwellfestigkeit wird vernachlässigt. Drehmoment:

$$M_t = Pl = 2050 \cdot 18 \approx 37\,000 \text{ kgcm.}$$

2. Nennspannung. Widerstandsmoment des Schweißquerschnittes (Abb. 98a): $W_t \approx 138$ cm³.

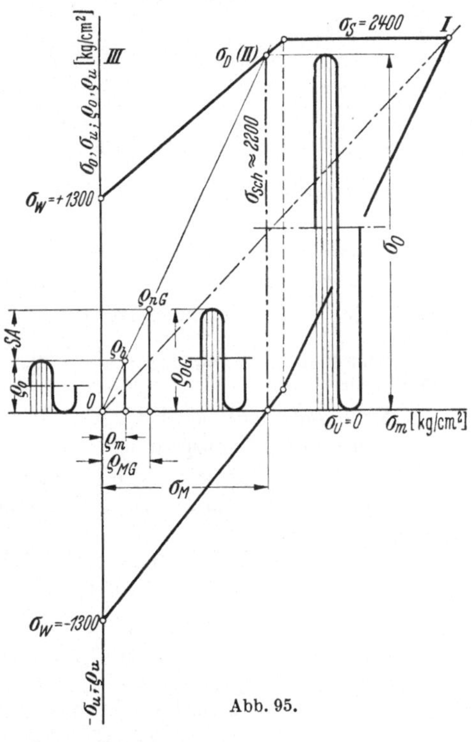

Abb. 95.

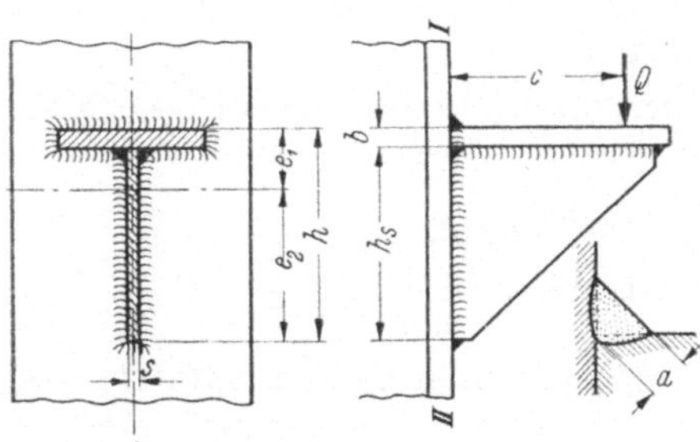

Abb. 96. An eine IP-Stütze angeschweißte Konsole.

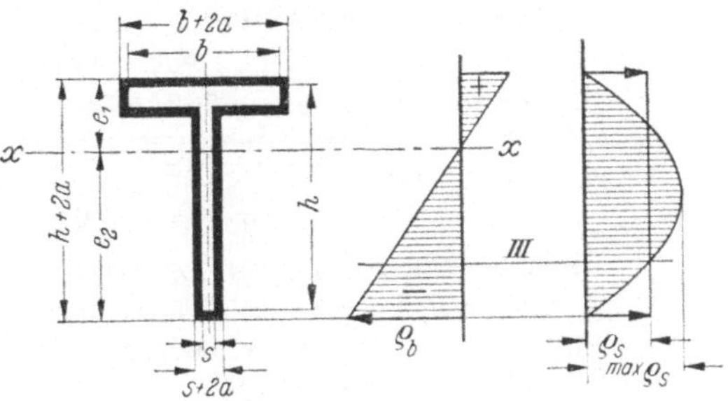

Abb. 97.

Drehungsspannung:

$$\varrho_t = \varrho_o = \varphi M_t/W_t = 1,2 \cdot 37\,000/138 \approx 322 \text{ kg/cm}^2.$$

3. Nennspannung im Gefahrenzustand. Drehungsschwellfestigkeit (Abb. 63, S. 18): $\varrho_{tSch} \approx 800$ kg/cm². Beiwert für den Größeneinfluß [17]: $b_1 \approx 0{,}8$. Nennspannung im Gefahrenzustand (Oberspannung):

$$\varrho_{OG} = b_1 \varrho_{tSch} = 0{,}8 \cdot 800 = 640 \text{ kg/cm}^2.$$

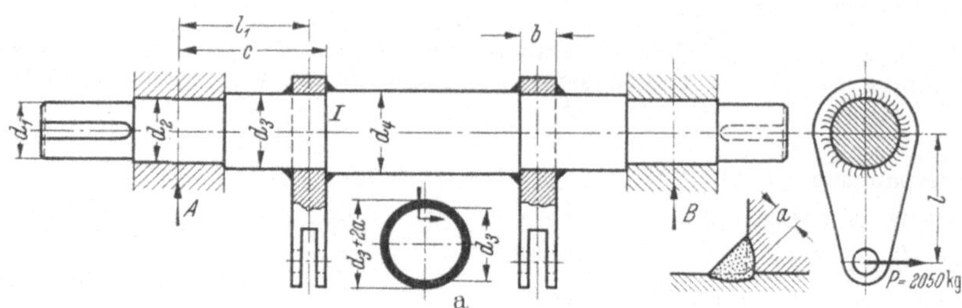

Abb. 98. Bremswelle mit aufgeschweißten Hebeln.

4. Sicherheit. Vorhandene Sicherheit:

$$\nu_{voih} = \varrho_{OG}/\varrho_0 = 640/322 = 2{,}0.$$

Erforderliche Sicherheit bei $h_b = 100\%$ (s. S. 26): $\nu_{erf} = 2 \cdots 3$.

b) *Beanspruchung der Welle* (Stelle I in Abb. 98).

1. Angriff. Beanspruchungsart: Biegung und Verdrehung. $c = l_1 + b/2 = 180 + 50/2 = 205$ mm.

Biegemoment: $M_b = A c = 2050 \cdot 20{,}5 \approx 42000$ kgcm; Drehmoment (s. a 1): $M_t = 37000$ kgcm.

2. Spannungsermittlung [17].

Biegespannung (Nennspannung):

$$\sigma_b = \varphi M_b/W_b = 1{,}2 \cdot 42000/98{,}17 \approx 515 \text{ kg/cm}^2.$$

Infolge des Einbrandes tritt an der Nahtstelle Kerbwirkung auf. Kerbwirkungszahl (geschätzt): $\beta_{kb} \approx 1{,}4$.

Kerbspannung: $\sigma_k = \beta_{kb}\, \sigma_b = 1{,}4 \cdot 515 \approx 720$ kg/cm².

Drehungsspannung (Nennspannung):

$$\tau_t = \varphi M_t/W_t = 1{,}2 \cdot 37000/196 \approx 227 \text{ kg/cm}^2.$$

Kerbwirkungszahl (geschätzt): $\beta_{kt} \approx 1{,}2$.

Kerbspannung: $\tau_k = \beta_{kt} \cdot \tau_t = 1{,}2 \cdot 227 \approx 272$ kg/cm².

Vergleichsspannung nach der Schubspannungshypothese [17]:

$$\sigma_V = \sqrt{\sigma_k^2 + 4\,(\alpha_0 \tau_k)^2} = \sqrt{720^2 + 4\,(0{,}8 \cdot 272^2)} \approx 902 \text{ kg/cm}^2.$$

Anstrengungsverhältnis:

$$\alpha_0 = \frac{\sigma_{bSch}}{2\tau_D} = \frac{4000}{2 \cdot 2500} = 0{,}8.$$

3. Nennspannung im Gefahrenzustand [17].

Oberspannung (Biegung):

$$\sigma_{OG} = b_1\, b_2\, \sigma_0 = [\text{kg/cm}^2].$$

Beiwert für den Größeneinfluß: $b_1 \approx 0{,}7$; Beiwert für die Bearbeitungsgüte (geschlichtet) $b_2 \approx 0{,}9$; bei der kleinen Drehbewegung der Welle kann Biegeschwellfestigkeit angenommen werden. $\sigma_0 = \sigma_{bSch} = 4000$ kg/cm².

$$\sigma_{OG} = 0{,}7 \cdot 0{,}9 \cdot 4000 \approx 2500 \text{ kg/cm}^2.$$

Drehung (Oberspannung): $\tau_{OG} = b_1\, b_2\, \tau_{tSch} = 0{,}7 \cdot 0{,}9 \cdot 2500 \approx 1575$ kg/cm².

4. Sicherheit. Vorhandene Sicherheiten.

Biegung: $\nu_b = \sigma_{OG}/\sigma_k = 2500/720 \approx 3{,}5$; Verdrehung: $\nu_t = \tau_{OG}/\tau_k = 1575/272 \approx 5{,}8$; gegen die Vergleichsspannung:

$$\nu_V = \sigma_{OG}/\sigma_V = 2500/902 \approx 2{,}7.$$

Erforderliche Sicherheit bei $h_b = 100\%$ (s. S. 26) $\nu_{erf} = 2 \cdots 3$.

Weitere Berechnungsbeispiele s. Abschn. 5 u. 6.

5. Gestaltung der geschweißten Bauteile.

Anlieferungsformen der Baustähle s. S. 8.

51 Bauweisen.

Die *Plattenbauweise* ist die erste Stufe zum Übergang auf den Leichtbau durch das Schweißen. Sie wird noch heute, besonders bei einfachen Bauteilen, vielfach angewendet.

Bei der *Lamellenbauweise* [14] werden mehrere Platten zusammengelegt, die durch V- oder U-Nähte zusammengeschweißt werden, so daß entsprechend große Kräfte übertragbar sind.

In USA wurde der Ständer einer Presse von 8000 t Arbeitsdruck hergestellt, der aus drei Blechplatten mit einer Gesamtdicke von 200 mm geschweißt war [37].

Die *Hohlbauweise* ist die nächste Stufe für den Leichtbau. Durch die Anwendung hohler Querschnitte (s. S. 35) wird eine große Biege- und Verdrehungssteifigkeit erreicht und gegenüber der Plattenbauweise wesentlich an Gewicht gespart.

Durch die *Zellenbauweise* wird die größte Starrheit der Bauteile bei geringstem Werkstoffaufwand ermöglicht. Sie wurde zuerst im Bau von Schleifmaschinen[1] angewendet und eignet sich auch für andere Bauteile des Werkzeugmaschinen- und allgemeinen Maschinenbaus.

Abb. 99 zeigt einen Ausschnitt aus dem Bett einer schweren Schleifmaschine, der die Zellenbauweise erläutert.

1 Außenwand; 2 Innenwand; 3 Führungsleiste; 4 untere, 5 obere Außenwand; 6 Zellen aus dünnem Stahlblech.

Weiteres über Anwendung der Zellenbauweise im Werkzeugmaschinenbau s. [27 u. 28].

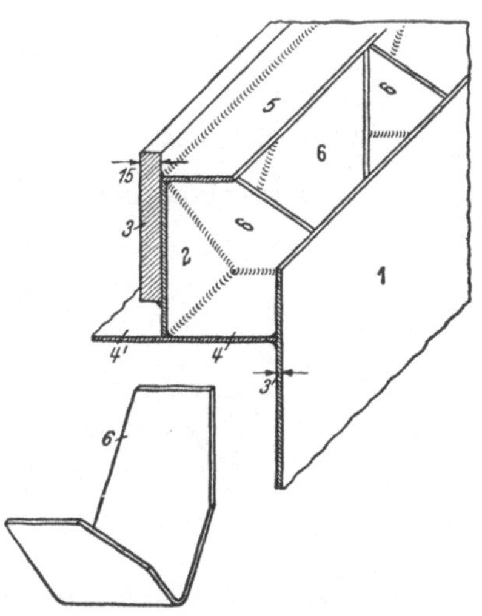
Abb. 99. Zellenbauweise. Ausschnitt aus dem Bett einer Schleifmaschine.

52 Gestaltungselemente.

521 Bauformen.

Die Bauformen (Grundformen) der Schweißkonstruktionen sind ebenflächig, krummflächig oder gemischtflächig. Die Formen sind voll oder hohl.

Hohlformen werden aus Blechen hergestellt, die entsprechend zugeschnitten, geformt und zusammengeschweißt werden.

Ebenflächige Bauformen sind das meist vierseitige Prisma (Abb. 100), der Würfel und die abgestumpfte Pyramide (Abb. 101).

Abb. 102 u. 103: Übergänge vom großen zum kleinen rechteckigen Querschnitt.

Abb. 102: rechteckiger Behälter mit pyramidenförmigem Auslauf; Abb. 103: pyramidenförmiger Behälter mit prismatischem Auslauf.

---

[1] Konstruktionsbücher Heft 1, BOBEK/HEISS/SCHMIDT: Stahlleichtbau von Maschinen (2. Aufl. in Vorbereitung).

Krummflächige Formen sind der Zylinder (Abb. 104), der Kegelstumpf (Abb. 105) und die Kugel. Der Zylinder findet seine Hauptanwendung im Rohrleitungsbau und im Kessel- und Behälterbau.

Abb. 106 u. 107: Übergänge vom großen zum kleinen runden Querschnitt (Zylinder und Kegelstumpf bzw. Kegelstumpf und Zylinder).

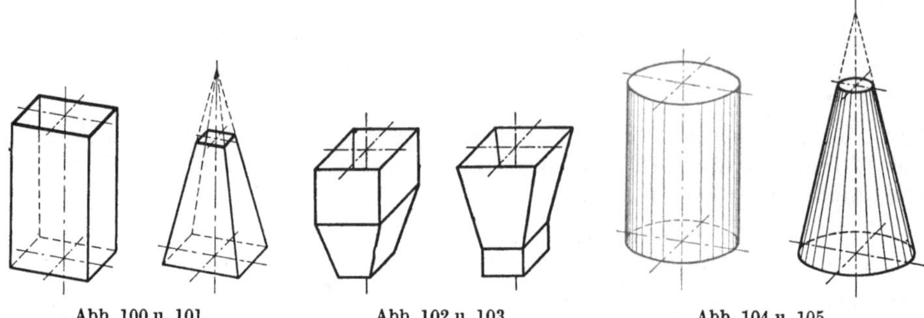

Abb. 100 u. 101.   Abb. 102 u. 103.   Abb. 104 u. 105.

Gemischtflächige Formen sind aus ebenen und krummflächigen Formen zusammengesetzt.

Abb. 108 u. 109: Übergänge vom großen runden zum kleinen rechteckigen Querschnitt (Zylinder und Pyramidenstumpf bzw. Kegelstumpf und vierseitiges Prisma).

Abb. 110 u. 111: Übergänge vom großen rechteckigen zum kleinen runden Querschnitt.

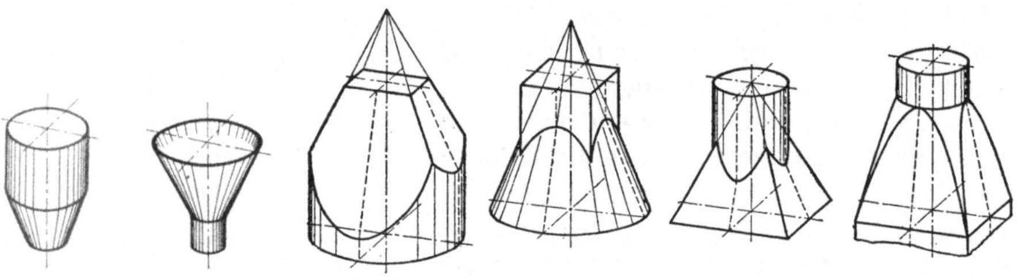

Abb. 106 u. 107.   Abb. 108 u. 109.   Abb. 110 u. 111.

Die Kugel wird angewendet als Vollkugel (Abb. 112), als Halbkugel (Abb. 113) und als Kugelzone (Abb. 114).

Abb. 115: Behälterdeckel mit abgerundeten Kanten und eingesetztem $\frac{1}{4}$-Kugelstück an den Ecken (Abb. 115a).

Abwicklungen. Damit die Bleche der jeweiligen Form entsprechend zugeschnitten werden können, müssen die Mäntel der Hohlformen abgewickelt, d. h. in eine

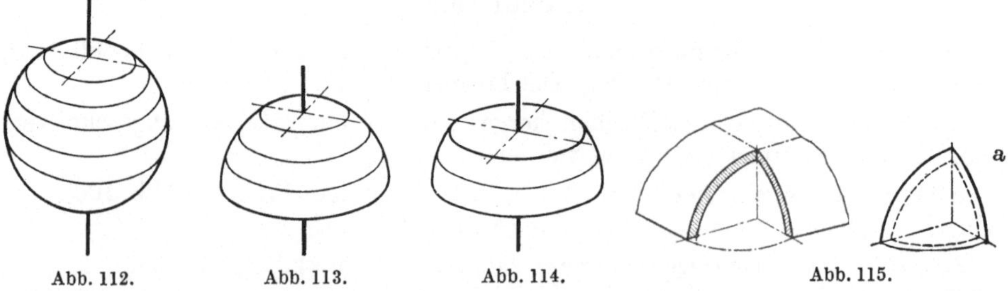

Abb. 112.   Abb. 113.   Abb. 114.   Abb. 115.

Ebene gebracht werden. Das Abwickeln geschieht nach den Regeln der darstellenden Geometrie [30]. Bei zusammengesetzten Blechformen ist das Abwickeln oft schwierig und ist unter Beachtung der Schweißnähte durchzuführen [20].

Abb. 116···120 zeigen einige einfache Beispiele für das Abwickeln und Zuschneiden von Blechteilen.

Abb. 116: Abwicklung zum U-förmig abgekanteten Tragarm des Konsollagers Abb. 344, S. 76. 1—1 u. 2—2 Abkantungen.

Abb. 117: Abwicklung zum Fuß des Rohrkrümmers Abb. 169, S. 40.

Abb. 118: Aus fünf Schüssen gebildeter Rohrkrümmer.

Abb. 119: Abwicklung zu den drei mittleren Schüssen, Abb. 120 desgleichen zu den beiden äußeren Schüssen.

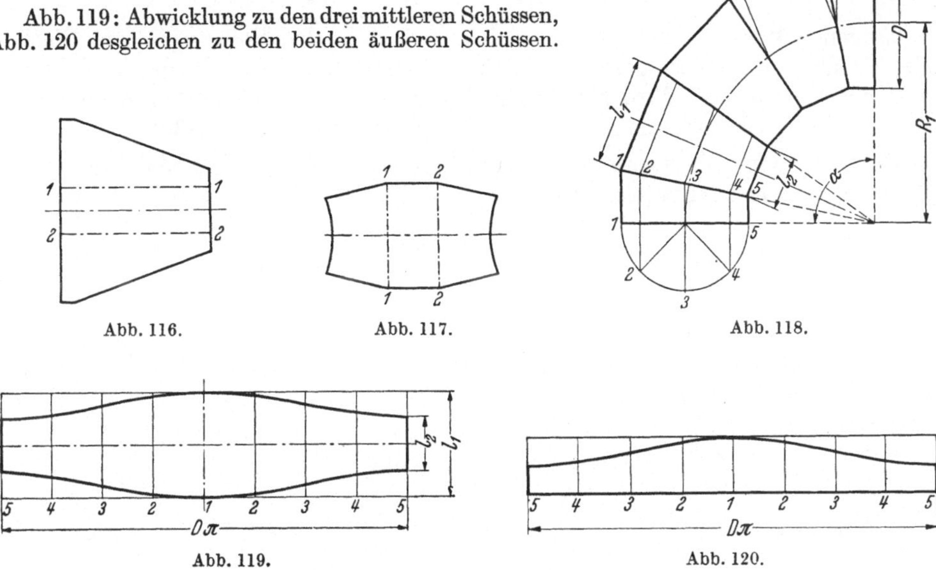

Abb. 116.   Abb. 117.   Abb. 118.

Abb. 119.   Abb. 120.

522 Schweißtechnische Gestaltungselemente.

Beim Entwerfen der Schweißkonstruktionen kommen außer den Bauformen (s. Abschn. 521) eine Anzahl Gestaltungselemente vor, die für das schweißgerechte Entwerfen grundlegend sind.

1. Kastenquerschnitte (Abb. 121···127).

Abb. 121 u. 122: Aus zwei L- bzw. ⊏-Stählen hergestellte Kastenquerschnitte.

Abb. 123 u. 124: Kastenquerschnitte mit Kehlnähten.

In Abb. 125···127 sind Kastenquerschnitte dargestellt, die aus abgekanteten Blechen und mit V-Nähten hergestellt sind. Anwendung hauptsächlich bei Biegeträgern. Je nach der Wirkungsrichtung der Biegekraft (Abb. 125 bzw. 126) lege man die V-Nähte in die neutrale Faser, wo sie nicht beansprucht sind.

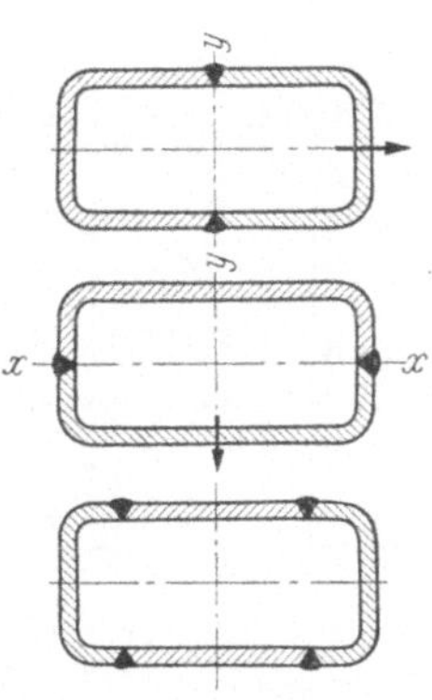

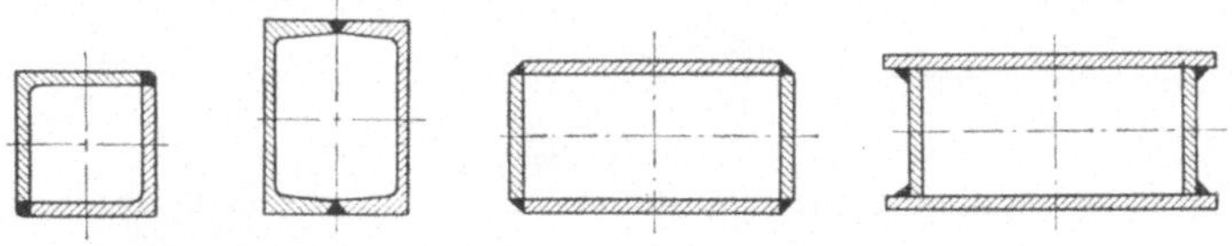

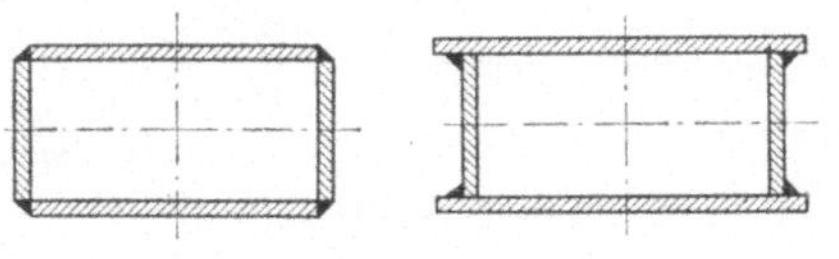

Abb. 121 u. 122.   Abb. 123 u. 124. Kastenquerschnitte.   Abb. 125--127.
Kastenquerschnitte aus   Kastenquerschnitte aus
Profilstählen.   abgekanteten Blechen.

Bei Querschnitten mit großen Abmessungen Ausführung des Kastenquerschnittes mit vier V-Nähten (Abb. 127).

3*

2. Verstärkungen. Reicht die Dicke eines Bleches zum Einschneiden der erforderlichen Gangzahl eines Gewindes nicht aus, dann schweiße man ein aus Rundstahl abgeschnittenes Auge auf (Abb. 128).

In Abb. 129 ist das Auge in die Blechwand eingesetzt.

Abb. 130a u. b: Verstärkung der Blechwand eines Behälters oder Kessels. In Abb. 130b hat das Verstärkungsteil kleine Arbeitsleisten und eine Entlüftungsbohrung [15].

Es ist vorteilhaft, das Verstärkungsteil zu bearbeiten und mit kleinem Spielraum ($\approx 0,5$ mm) einzusetzen (Abb. 131).

Tragende Bolzen oder Achsen werden vielfach in den Bohrungen von Blechen oder Profilstahlstegen eingesetzt und durch Achshalter gegen Drehen und Längsverschieben gesichert. Wird hierbei der Flächendruck zwischen Bolzen und Blech zu hoch, dann schweiße man ein Verstärkungsblech *B* an (Abb. 132).

Der aus einem abgekanteten ⊏-Profil hergestellte Fahrzeug-Längsträger (Abb. 133) ist an seiner höchst beanspruchten Stelle durch einen eingeschweißten Flach-

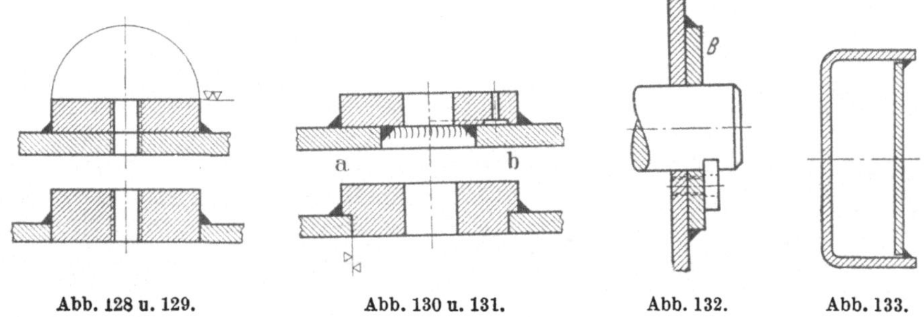

Abb. 128 u. 129.   Abb. 130 u. 131.   Abb. 132.   Abb. 133.

stahl verstärkt. Der hierbei erhaltene Kastenquerschnitt hat eine entsprechend hohe Festigkeit gegen Verwinden.

3. Arbeitsleisten. Werden auf einer Schweißkonstruktion Lager, Motoren und dergleichen aufgebaut, dann werden Arbeitsleisten angeordnet, die aus Quadrat-, Rund- oder Flachstahl und mit entsprechender Bearbeitungszugabe hergestellt werden (Abb. 134···137).

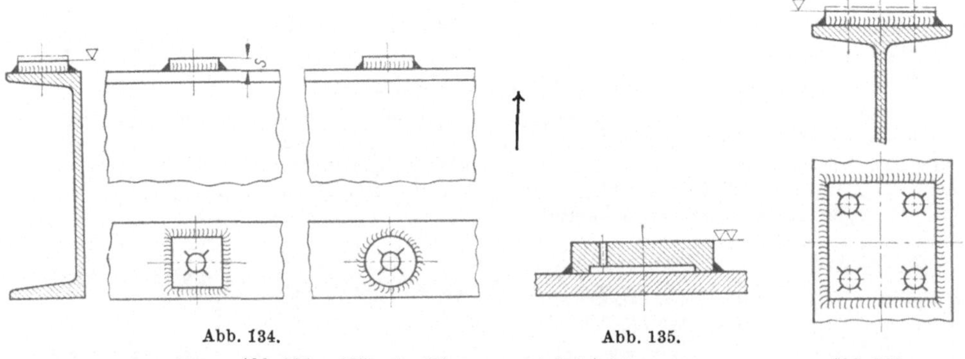

Abb. 134.   Abb. 135.   Abb. 136.

Abb. 134 u. 135.   Ausführung von Arbeitsleisten.

Es ist vorteilhaft, den Arbeitsleisten durch Bearbeitung eine kleinere Auflagefläche zu geben und wie in Abb. 135 eine Entlüftungsbohrung vorzusehen [15].

Abb. 136: Auf einem I-Träger aufgeschweißte Arbeitsleiste.

Abb. 137: Arbeitsleisten an einem IP-Träger zum Anschrauben eines Konsollagers nach Abb. 324, S. 70.

4. Querverbindungen. Parallele Wände bzw. Trägerstege erhalten in bestimmten Abständen Querverbindungen. Als Verbindungsmittel dienen Flachstähle (Bindebleche), Profilstähle (L- oder ⊏-Stahl) und Rohre.

Bindebleche werden nach Abb. 138 u. 139 angewendet. Die Ausführung nach Abb. 139 ist vorzuziehen. Rohre (Abb. 140 u. 141) sind besonders bei Beanspruchung auf Knickung ge-

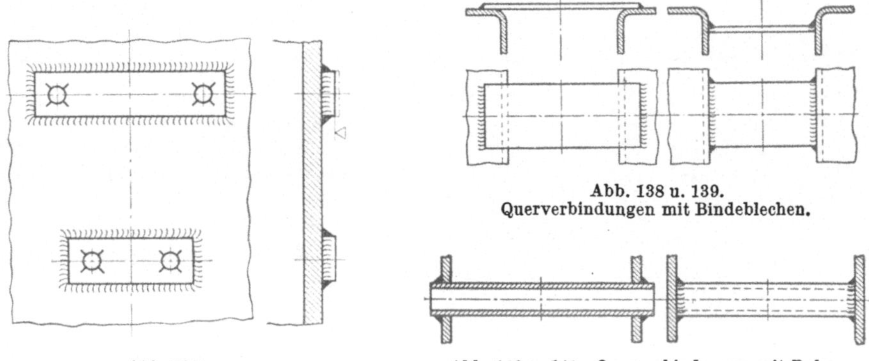

Abb. 138 u. 139.
Querverbindungen mit Bindeblechen.

Abb. 137.

Abb. 140 u. 141. Querverbindungen mit Rohren.

eignet. Die Anordnung nach Abb. 141 ist bei kurzem Abstand der Wände bzw. Trägerstege nicht anwendbar, da die Schweißnähte dann nicht zugänglich sind.

5. Rippen dienen zur Aussteifung von Wänden, Flanschen, Füßen, Pratzen, Naben und dergleichen.

Abb. 142 zeigt die Aussteifung der Stirnwände des Steinbrechers Abbildung 348, S. 78.

a Durchgehende Querrippen; *b* Längsrippen.

Ausführung der Querrippen aus seitlich abgeschrägtem Flachstahl ist billiger als die runde, mit dem Brenner zugeschnittene Form (Abb. 142 unten), die jedoch gefälliger wirkt.

Abb. 143: Rippen zur Absteifung von Flanschen. In Abb. 144 ist die Versteifung der Seitenwände des Steinbrechers Abb. 348, S. 78 dargestellt.

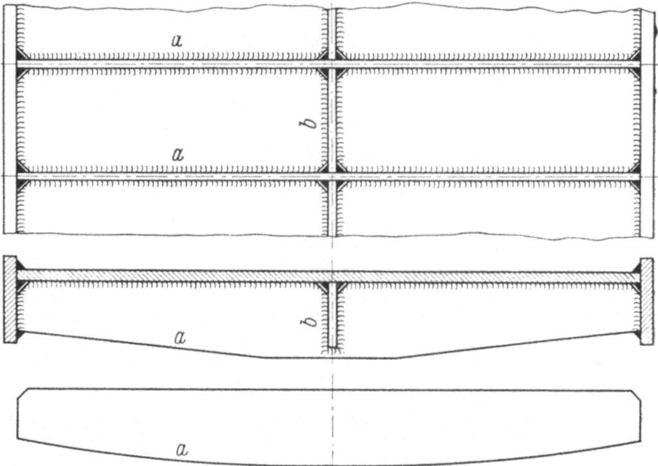

Abb. 142. Verrippung einer Gehäusewand. *a* Querrippen; *b* Längsrippen.

An Stelle von Flachstählen werden auch Profilstähle (L- und T-Stähle) als Rippen angewendet. Eine besonders gute Versteifung geben Rippen aus ⊏-Stahl, die nach Abb. 145 angeschweißt sind.

Abb. 146···148 zeigen Ausführungsformen von Hohlrippen, die durch Abkanten oder Biegen von Flachstahl hergestellt sind. Abb. 149 nach oben verjüngte Hohlrippe.

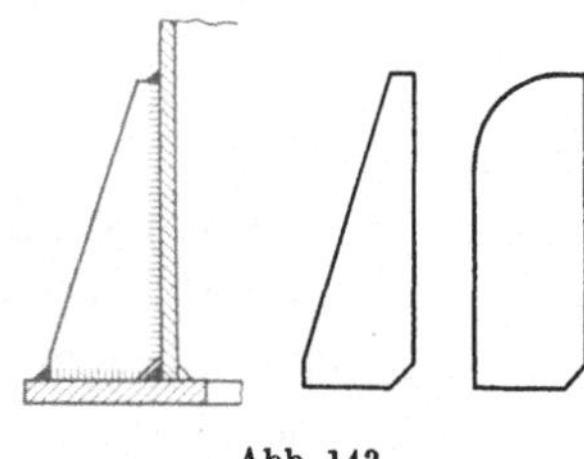

Abb. 143.

6. Flanschen dienen zur Verbindung von Teilen mit gleicher lichter Weite durch Schrauben.

Abb. 150a⋯g zeigen einige Ausführungen von Rohrflanschen. Die Flanschen sind durch den Schraubenzug auf Biegung und die Schweißnähte auf Biegung und Schub beansprucht.

In Abb. 150a ist der Flansch durch eine $1/_2$ V-Naht und in Abb. 150b durch zwei $1/_2$ V-Nähte angeschlossen.

Abb. 144. Verrippung der Seitenwand eines Steinbrechers.

Abb. 150c: Anschluß mit einer Kehlnaht und einer $1/_2$ V-Naht.

Der Anschluß mit zwei Kehlnähten (Abb. 150d) ergibt zwar eine gute Festigkeit, aber eine Störung im Durchfluß.

Abb. 150e u. f: Anschlüsse mit Kehlnaht und V-Naht.

Abb. 150g: Anschluß eines Stahlgußflansches oder eines geschmiedeten Flansches an ein Rohr oder Behältermantel durch eine V-Naht.

Flanschen für Füße und Räderkästen sind genügend kräftig zu halten. Ist s die Wanddicke (Abb. 151), dann nehme man die Flanschdicke $f = 1,25 \cdots 1,5\ s$.

Abb. 152: Durch Rippen abgesteifte Flanschen zu einem Räderkasten.

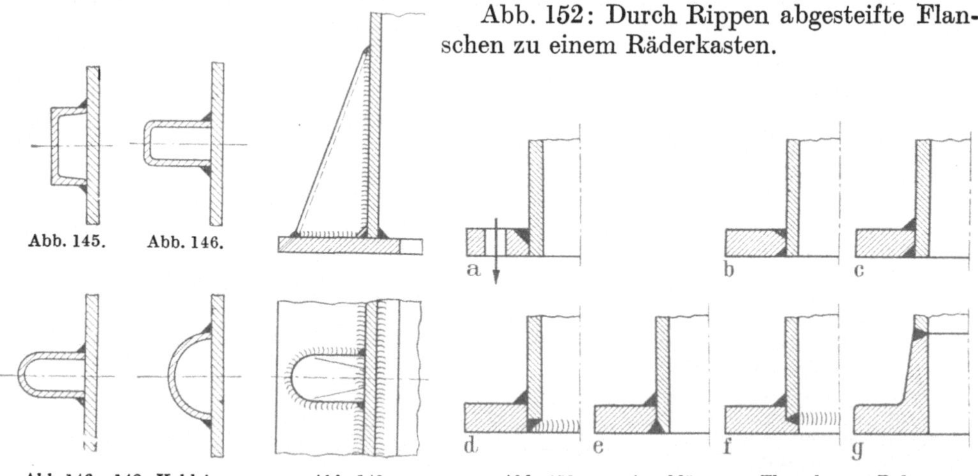

Abb. 145.   Abb. 146.

Abb. 146—148. Hohlrippen.   Abb. 149.   Abb. 150a—g. Anschlüsse von Flanschen an Rohre.

7. Naben. Räder, Scheiben, Trommeln und dergleichen (s. Abschn. 7) erhalten Naben aus Rundstahl, die an die tragende Scheibe durch Kehlnähte angeschlossen werden.

Meist wird die rohe Nabe in das mit dem Brenner ausgeschnittene Loch eingesetzt und angeschweißt (Abb. 153). Da das Loch beim Brennen eine rauhe Oberfläche hat und daher ein genügend großer Durchmesser erforderlich ist, kommt es vor, daß die Nabe nicht zentrisch eingesetzt wird (Abb. 154) und an einer Stelle zu viel Luft ist, wodurch die Festigkeit der Rundnaht (Abb. 154a) vermindert wird [15].

Es ist daher vorteilhaft, Nabe und Loch an der Einsatzstelle zu bearbeiten (Abb. 155) und so viel Luft zu lassen, als es die Wärmeausdehnung beim Schweißen erfordert.

Abb. 156⋯162 zeigen verschiedene Ausführungsarten von Nabenanschlüssen.

Abb. 156 u. 157: Durch vier Rippen gegen die tragende Wand abgesteifte Naben.

Abb. 158: Verbindung zweier auf einer Achse oder Welle sitzender Naben durch ein angeschweißtes Rohr.

Abb. 159: Nabe zum Walzrad einer Straßenwalze [33, III. Bd.].

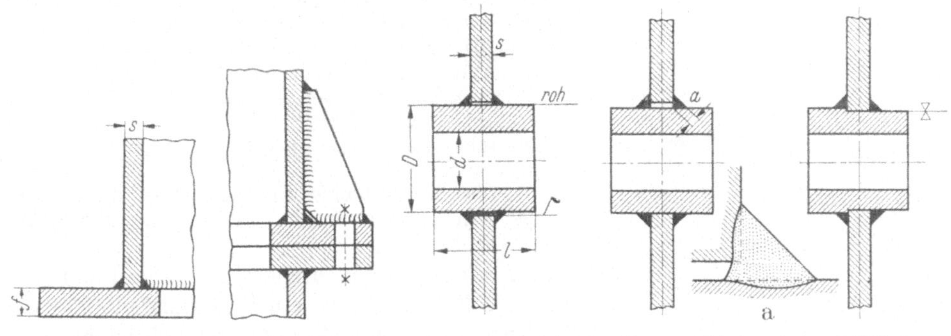

Abb. 151.   Abb. 152.   Abb. 153—155. Anschweißen von Naben an tragende Wände.

Bei hoch beanspruchten Bauteilen ist es vorteilhaft, die Nabe aus Stahlguß zu fertigen und durch Stumpfnähte an die Scheibe anzuschließen (Abb. 160 u. 161), wobei die Schweißnähte wesentlich günstiger beansprucht sind.

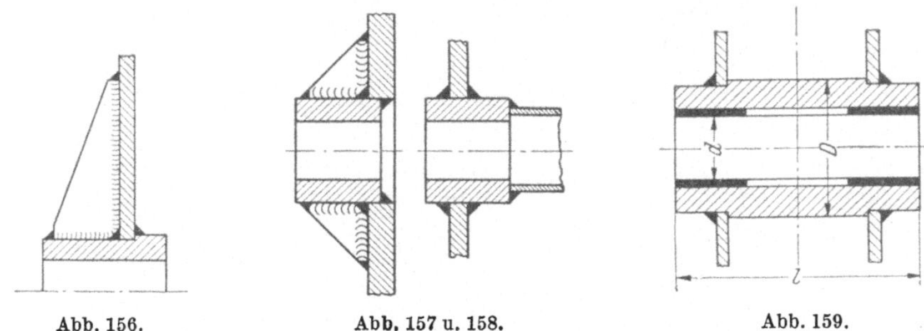

Abb. 156.   Abb. 157 u. 158.   Abb. 159.

Bei den Läufern größerer Drehstrommaschinen wurden die beiden Scheiben bisher durch doppelseitige Kehlnähte an die Nabe angeschlossen. Durch die Anordnung einer Stahlgußnabe und den Anschluß an die tragenden Scheiben durch X-Nähte (Abb. 162) wird eine wesentliche Verbesserung erreicht. Der Verlauf des Kraftflusses ist günstiger, auch sind die Nähte infolge ihres größeren Abstandes von der Wellenachse günstiger beansprucht [5].

8. Füße. Bauteile wie Maschinenständer und -gestelle, Säulen, Stützen und dergleichen erhalten Füße, mit denen sie auf der tragenden Fläche aufsitzen.

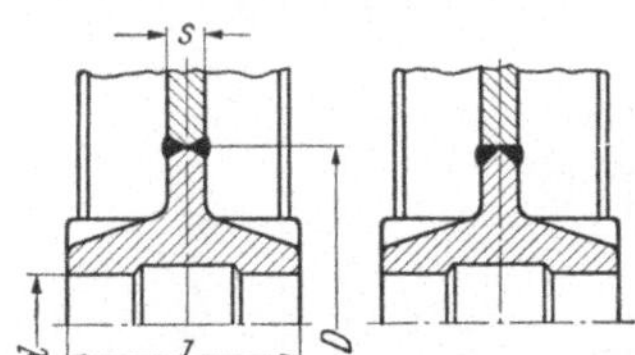

Abb. 160 u. 161. Schweißanschluß von Naben aus Stahlguß.

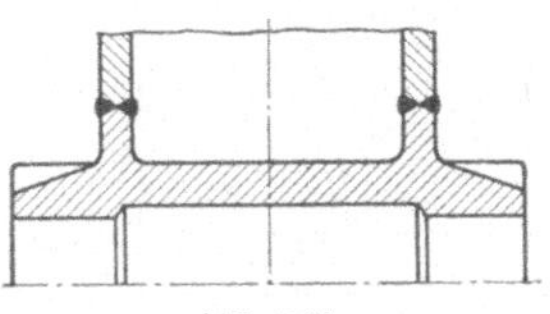

Abb. 162.

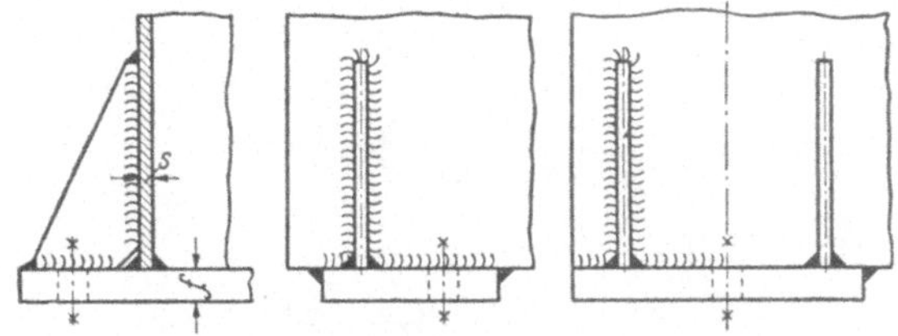

Abb. 163 u. 164. Ausführung von Ständerfüßen.

Teile, die standfest sein müssen, erhalten vier Füße. Mitunter sind drei ausreichend, wobei die Tragkraft der Füße der statischen Bestimmtheit wegen festliegt.

Abb. 163 u. 164: Füße von Maschinenständern, die durch eine bzw. zwei Rippen abgesteift sind.

Abb. 165 zeigt das Magnetgestell zu einem kleinen Gleichstrommotor, dessen Füße in einfacher Weise aus L-Stahl gebildet sind.

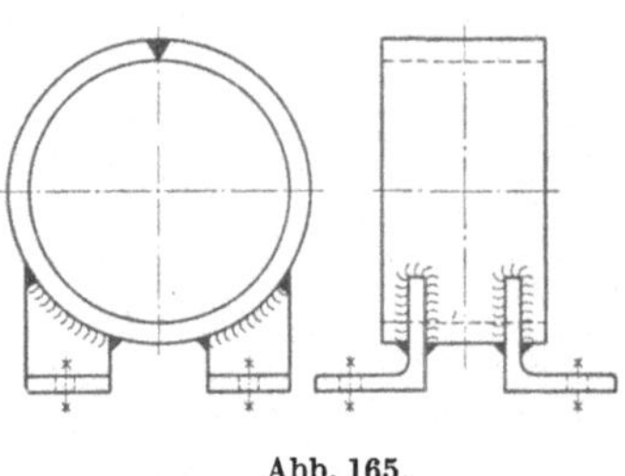

Abb. 165.

Abb. 166: Fuß einer IP-Stütze. Die Flanschen des I-Profils sind durch Rippen gegen die Fußplatte abgesteift.

Abb. 167: Fuß einer IP-Stütze. An den Flanschen sind Rohrstücke zur Führung der Befestigungsschrauben angeschweißt. Zwischen den Rohrstücken und der Fußplatte ist Spielraum erforderlich.

Abb. 168: Rohrstütze, durch vier Rippen gegen die Fußplatte abgesteift.

Abb. 169: Stützfuß eines Rohrkrümmers. Abwicklung des aus abgekantetem Blech hergestellten Fußes s. Abbildung 117, S. 35.

9. *Pratzen* werden angeordnet, wenn der abstützende Bauteil (z. B. ein Räderkasten oder ein Behälter) sich an der Stützfläche noch nach unten erstreckt. Die Pratzen sind an tragende Wände angeschweißt.

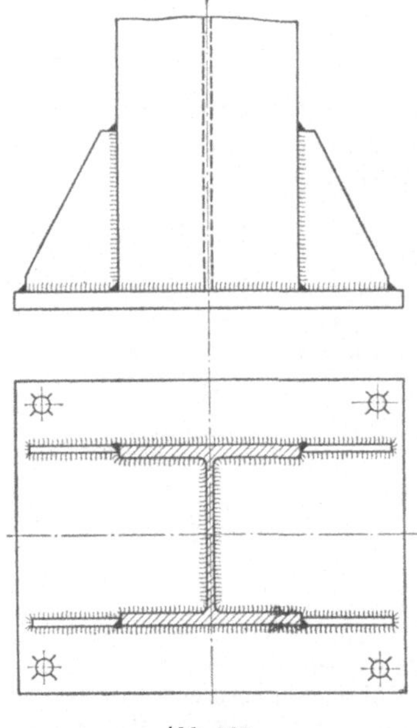

Abb. 166.

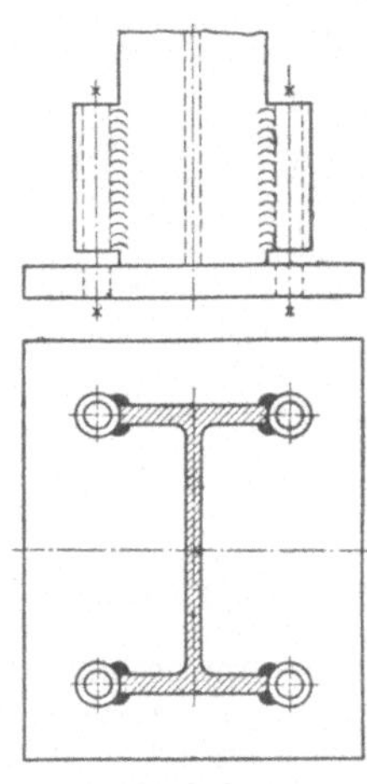

Abb. 167.

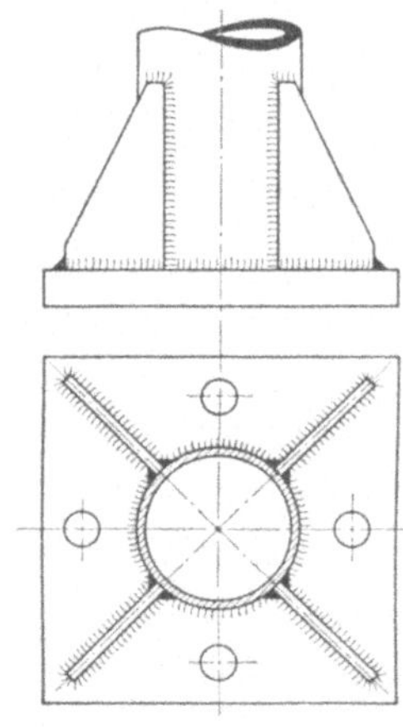

Abb. 168.

Abb. 170: Pratze mit einer Befestigungsschraube und zwei Rippen. Der Schweißquerschnitt (Abb. 170) ist durch das Moment $M_b = Px$ [kgcm] auf Biegung und die Kraft P auf Schub beansprucht.

Abb. 171: Aus einem abgekanteten Blech gebildete Pratze.

Abb. 172: Pratze mit zwei Befestigungsschrauben und einer Rippe.

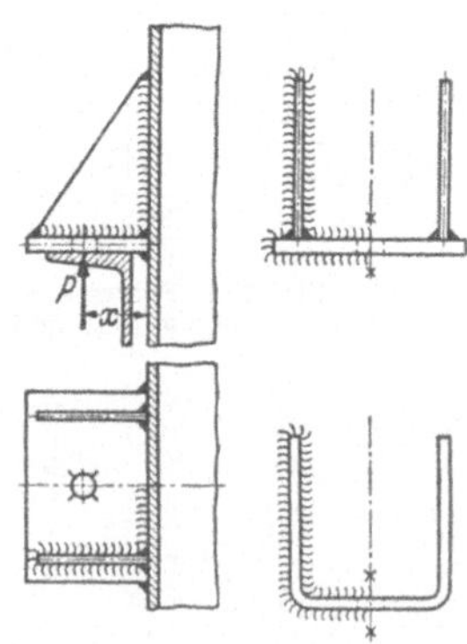

Abb. 170 u. 171. Tragpratzen mit einer Schraube.

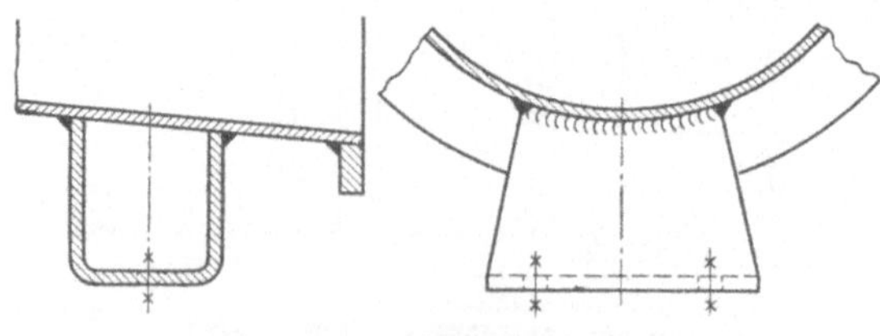

Abb. 169.

Abb. 173: Pratze aus abgekantetem Blech mit einer Rippe.

Abb. 174: Pratze zu einem Räderkasten, an der Auflagefläche bearbeitet.

Abb. 175: Magnetgestell zu einem Gleichstrommotor mit angeschweißten Pratzen.

10. Augen und Schraubenansätze. Flachstahlhebel erhalten am Bolzensitz aufgeschweißte Augen (Abb. 176 u. 177), durch die die Auflagefläche am Bolzen vergrößert wird.

Abb. 178 u. 179: An eine Zugstange mit rundem Querschnitt angeschweißte Augen. Die Ausführung mit quadratischem Auge ist schweißtechnisch besser.

Abb. 180···182 zeigen Schraubenansätze für Ständerfüße.

In Abb. 180 dient ein Rundstahlstück und in Abb. 181 ein Quadratstahlstück als Schraubenansatz. In Abb. 182 ist als Schraubenansatz ein Stück L-Stahl angeordnet.

In Abb. 183 ist der Schraubenansatz an einer senkrechten Wand angeschweißt. Er besteht aus einem Stück gebogenem Flachstahl mit aufgeschweißter Platte.

Der Schraubenansatz aus Rundstahl (Abb. 184) ist an der inneren Ecke eines abgekanteten Blechteils angeschweißt.

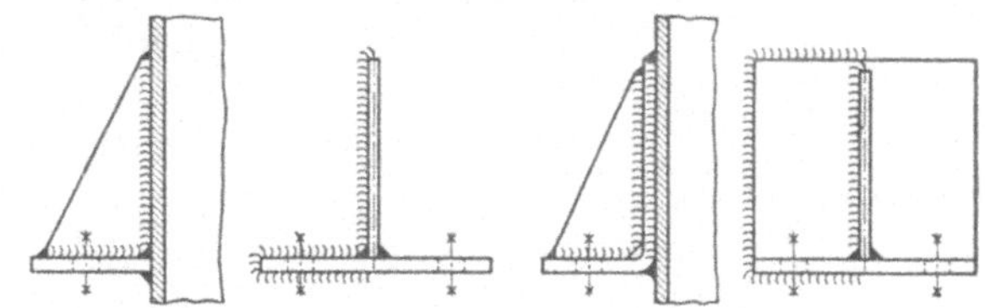

Abb. 172 u. 173. Tragpratzen mit zwei Schrauben.

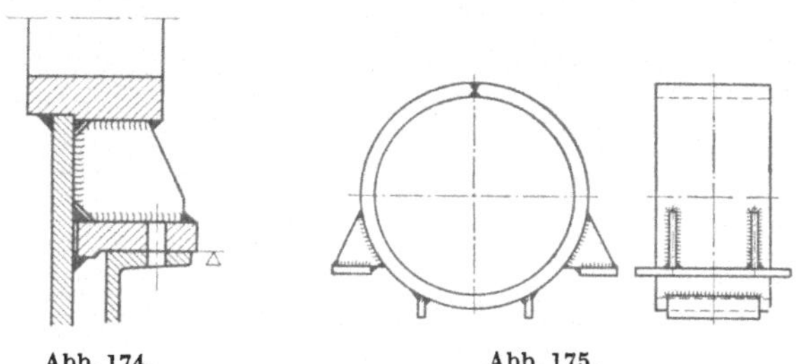

Abb. 174.　　　　　　Abb. 175.

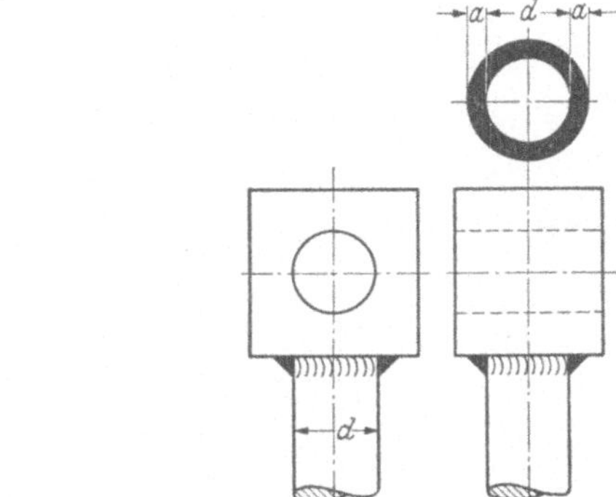

Abb. 178.

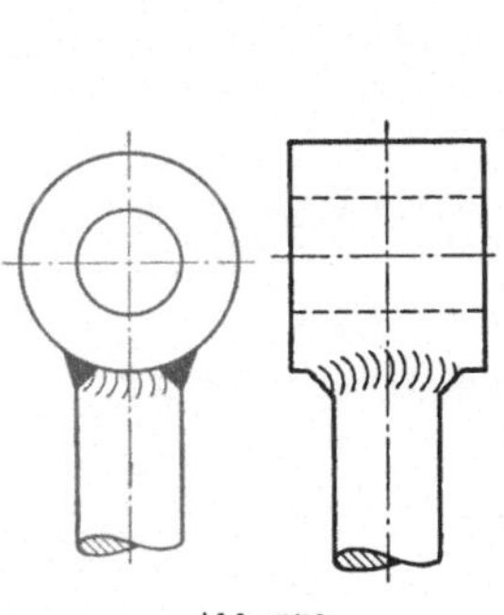

Abb. 176 u. 177.

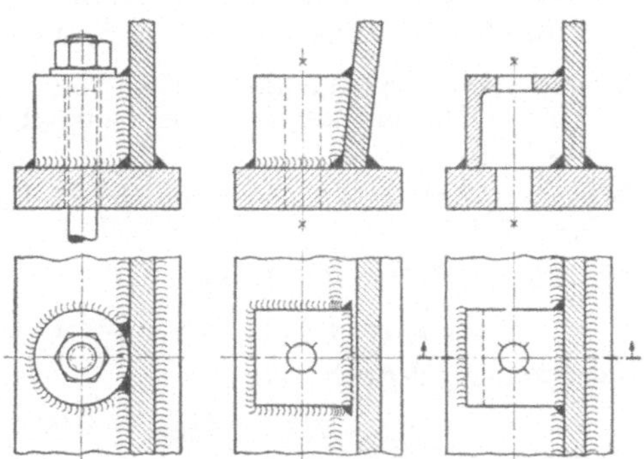

Abb. 179.　　　　Abb. 180—182. Schraubenansätze.

Abb. 185 u. 186 zeigen die Anordnung der Schraubenansätze an der Teilfuge I—I des Ständergehäuses einer Drehstrommaschine. Die Ausführung mit quadratischem Auge (Abb. 186) weist eine größere Nahtfestigkeit auf.

11. *Gabelstücke* werden bei Gestängen in verschiedenen Ausführungsarten angewendet.

Das Gabelstück für Rundstahlstangen (Abb. 187) besteht aus zwei Flachstählen, die durch Flankenkehlnähte an die Stange angeschlossen sind. Da die Nähte sich nicht voll anschweißen lassen, ist die Ausführung nur zur Übertragung kleinerer Kräfte geeignet.

In Abb. 188 u. 189 ist das Gabelstück an eine Stange mit quadratischem bzw. rechteckigem Querschnitt angeschlossen.

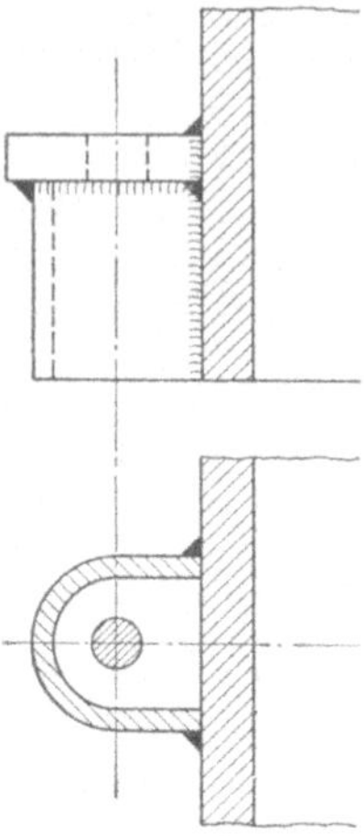

Abb. 183.

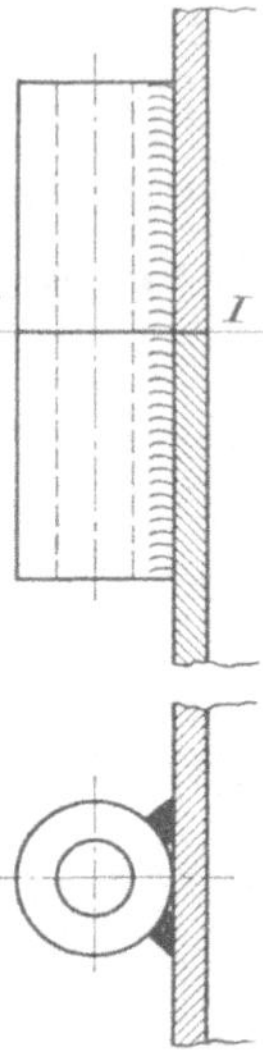

Abb. 185.

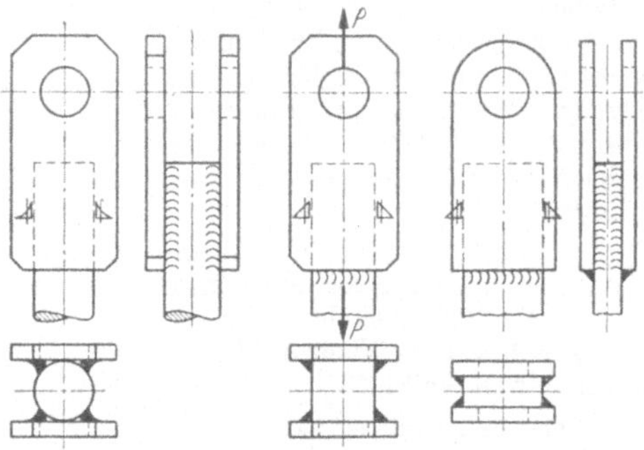

Abb. 187—189. Schweißanschluß von Gabelstücken.

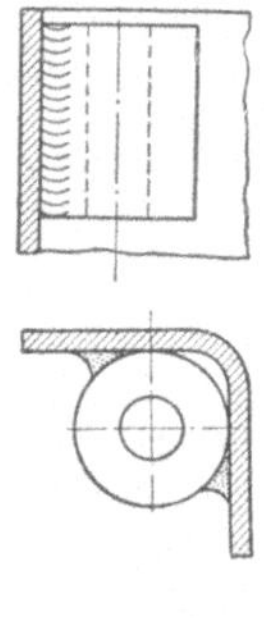

Abb. 184. 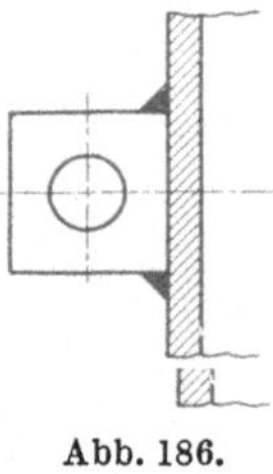   Abb. 186. 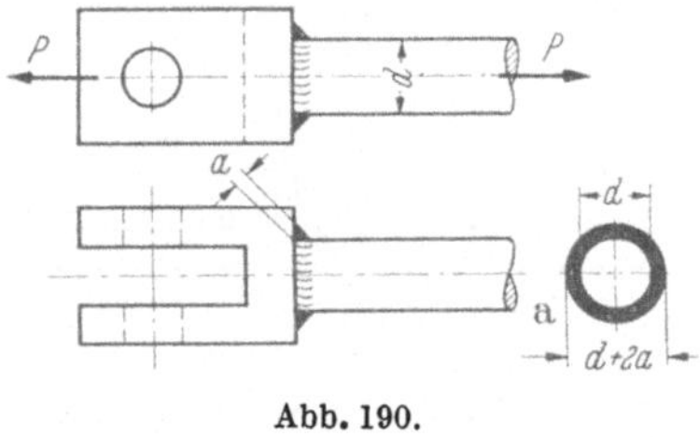   Abb. 190.

Das aus Quadratstahl mit ausgebranntem Schlitz hergestellte Gabelstück (Abb. 190) ist durch eine Rundnaht an die Stange angeschlossen.

Beispiel 5. Das aus Quadratstahl 60×60 hergestellte Gabelstück (Abb. 190) ist an eine Zugstange mit dem Durchmesser $d = 30$ mm angeschlossen. Dicke der Rundnaht $a = 5$ mm ang. Werkstoff: St 37.11.

Schwellzugkraft: $P = 1500$ kg; prozentuale Häufigkeit der größten Zugkraft $h_b = 100\%$; Stoßzahl: $\varphi = 1{,}2$.

Schweißquerschnitt (Abb. 190a):

$$F_{Schw} = (d + 2a)^2\, \pi/4 - d^2\pi/4 = (3 + 2 \cdot 0{,}5)^2\pi/4 - 3^2\pi/4 \approx 5{,}5 \text{ cm}^2.$$

Nennspannung der Schweißnaht:

$$\varrho_z = P/F_{Schw} = 1500/5{,}5 \approx 273 \text{ kg/cm}^2.$$

Zulässige Spannung (s. S. 27):

$$\varrho_{z\,zul} = \alpha_0 \alpha \beta \sigma_{Sch}/\varphi\, v_{erf} = 1 \cdot 0{,}35 \cdot 0{,}9 \cdot 2200/1{,}2 \cdot 2 \approx 290 \text{ kg/cm}^2.$$

Zugspannung im ungeschwächten Werkstoffquerschnitt:

$$\sigma_z = P/F = 1500/3^2\pi/4 \approx 212 \text{ kg/cm}^2.$$

Da der Rundnaht bei nicht einwandfreier Schweißung eine gewisse Unsicherheit anhaftet, ist es besser, das Gabelstück auf den Stangendurchmesser abzudrehen und durch Abbrennschweißung (Abb. 203, S. 45) anzuschließen.

Der Stoß hat dann eine Festigkeit, die nahezu gleich der Werkstoff-Festigkeit ist.

Das nachstellbare Gabelstück (Abb. 191) ist aus abgekantetem Flachstahl gebildet und hat zur Vergrößerung der Gangzahl des Gewindes ein angeschweißtes Stück Sechskantstahl.

Abb. 192: An ein Rohr angeschweißtes Gabelstück.

Abb. 193 u. 194 zeigen Gabelstücke für die Einrückhebel von Reibungskupplungen. Die Ausführung Abb. 194 ist schweißtechnisch die richtige.

12. *Zapfenanschlüsse.*

Beispiel 6. Auf Biegung beanspruchter Gelenkzapfen, der durch eine Rundnaht an eine biegefeste Platte angeschlossen ist (Abb. 195).

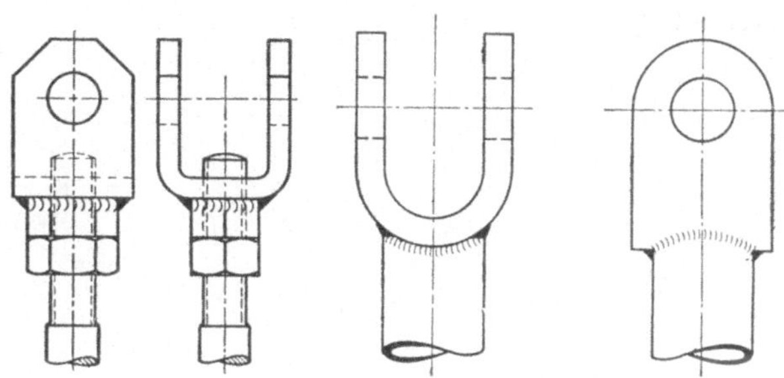

Abb. 191.   Abb. 192.

Abmessungen (Abb. 195): $d = 70$ mm; $D = 100$ mm; $\varrho = 10$ mm; $l_1 = 100$ mm; $l_2 = 70$ mm.

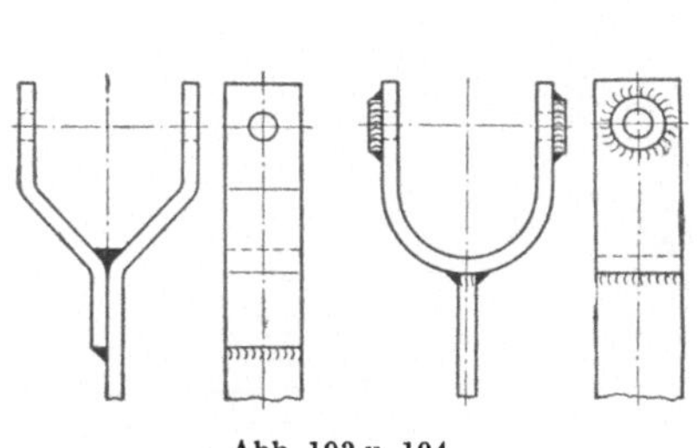

Abb. 193 u. 194.

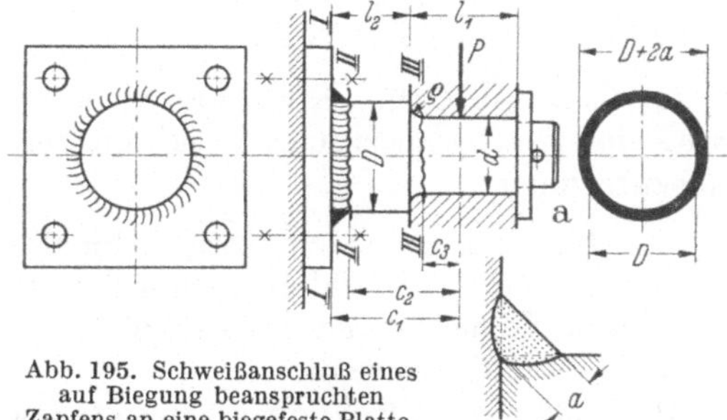

Abb. 195. Schweißanschluß eines auf Biegung beanspruchten Zapfens an eine biegefeste Platte.

Nahtdicke: $a = 5$ mm ang. Werkstoff des Zapfens und der Platte: St 37.

Biegekraft: $P = 1000$ kg; prozentuale Häufigkeit der Biegekraft: $h_b = 50\%$; Stoßzahl: $\varphi = 1{,}2$.

a) *Nahtquerschnitt* (I—I in Abb. 195 u. 195a).

1. *Angriff.* Beanspruchungsart: Biegung und Schub. Biegemoment:
$$Mb_1 = Pc_1 = 1000 \cdot 12 = 12\,000 \text{ kgcm.}$$

Schubkraft: $P = 1000$ kg.

2. *Nennspannungen.* Widerstandsmoment des Schweißquerschnittes: $W_{Schw} \approx 41{,}5$ cm².
Biegespannung:
$$\varrho_b = M_{b1}/W_{Schw} = 12\,000/41{,}5 \approx 290 \text{ kg/cm}^2.$$

Fläche des Schweißquerschnittes: $F_{Schw} \approx 16{,}5$ cm².
Schubspannung:
$$\varrho_s = P/F_{Schw} = 1000/16{,}5 \approx 61 \text{ kg/cm}^2.$$

Vergleichsspannung:
$$\varrho_V = \sqrt{\varrho_b^2 + \varrho_s^2} = \sqrt{290^2 + 61^2} \approx 300 \text{ kg/cm}^2.$$

3. *Zulässige Spannung* (s. S. 27).
$$\varrho_{b\,zul} = \alpha_o \alpha \beta \sigma_{Sch}/\varphi\, v_{erf} = 1 \cdot 0{,}35 \cdot 0{,}9 \cdot 2200/1{,}2 \cdot 1{,}5 \approx 385 \text{ kg/cm}^2.$$

b) Anschlußquerschnitt (II—II in Abb. 195).

Eine Nachrechnung ergibt eine ausreichende Sicherheit.

Der Querschnittsabsatz mit Hohlkehle (III—III in Abb. 195) wird mit dem Moment $M_{b3} = Pc_3$ [kgcm] auf Biegeschwellfestigkeit berechnet [17].

Ist der ringförmige Schweißquerschitt Abb. 195a nicht ausreichend, dann wird der Zapfen durch vier Rippen gegen die Platte abgesteift (Abb. 196), wodurch ein entsprechend großes Widerstandsmoment erhalten wird. Abb. 196a: Schweißquerschnitt.

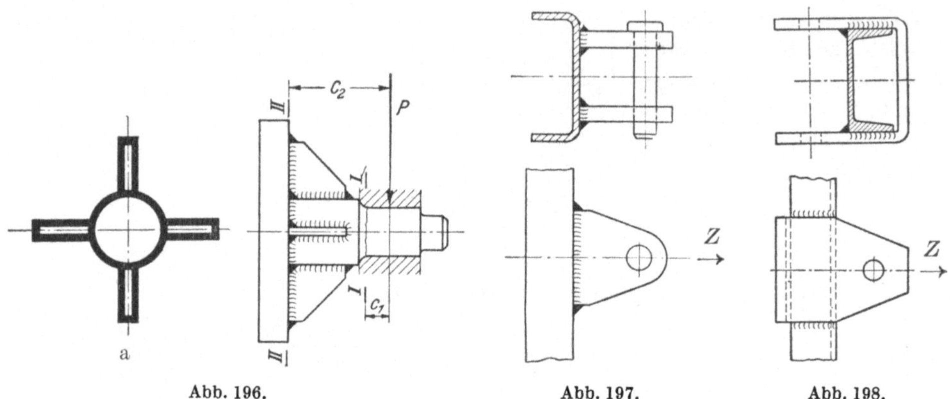

Abb. 196. Abb. 197. Abb. 198.

13. Ösen. Abb. 197: Kuppelöse zu einem Lastwagenanhänger. Die Stirnkehlnähte sind kräftig auszuführen und mit der Zugkraft Z und der Stoßzahl $\varphi = 1,5$ nachzurechnen.

Abb. 198: Kuppelöse zu einem Schmalspurwagen. Die Öse ist aus Flachstahl zugeschnitten, abgekantet und durch Flanken- und Stirnkehlnähte an den [-Stahlrahmen angeschweißt.

Abb. 199: An ein Rohr angeschweißte Öse.

Abb. 200: Transportöse.

Die Zugkraft des Anschlagseiles S wird in die Kom-

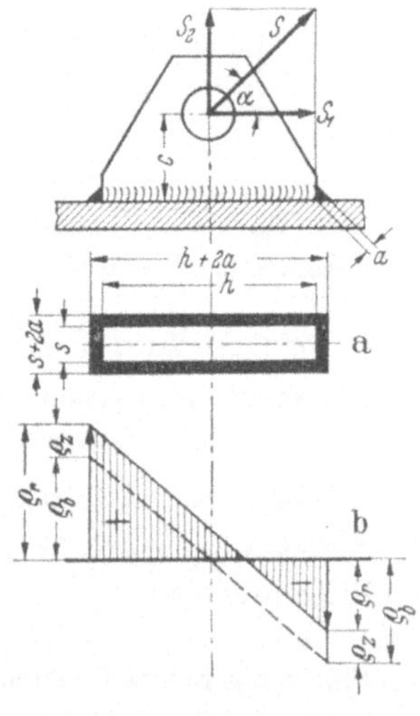

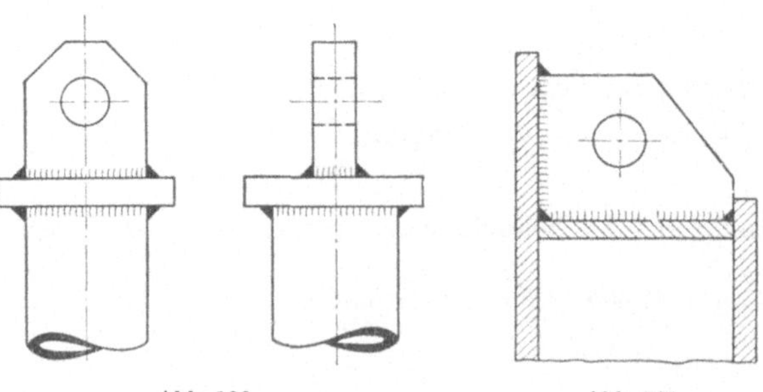

Abb. 199. Abb. 201. Abb. 200. Anschluß einer Transportöse.

ponenten S_1 und S_2 zerlegt. S_1 beansprucht den Schweißquerschnitt (Abb. 200a) auf Biegung ($M_b = S_1 c$ [kgcm]) und auf Schub und S_2 auf Zug.

Abb. 200b: Spannungsschaubild für die Normalspannungen im Schweißquerschnitt.

Abb. 201: Transportöse zu dem Räderkasten Abb. 287, S. 61.

53 Verschweißen von Stahlguß- und Stahlteilen.

Stahlguß und Stahl lassen sich bei angenähert gleichem C-Gehalt gut miteinander verschweißen.

Abb. 202 zeigt als Beispiel den Querschnitt zur Grundplatte eines sechszylindrigen Dieselmotors Type G 5 Z 52/70[1] [33, III. Bd.].

a Lagerstuhl mit oberen und unteren Gurtplatten und Querversteifungen.

Abb. 202a (1) u. (2): Anschlußnähte des Lagerstuhls an die Gurtplatten.

Werkstoff des Lagerstuhls: Stg 45.81 S, der Gurtplatten M II mit $\sigma_b = 41 \cdots 50 \text{ kg mm}^2$.

Die Herstellung des Lagerstuhls aus Stahlguß ist wirtschaftlicher als das Schweißen dieses vielgestaltigen Teils aus Stahl, da eine Grundplatte sechs Lagerstühle hat und die Fertigungszahl bei einer Reihe von 10 Motoren schon 60 beträgt.

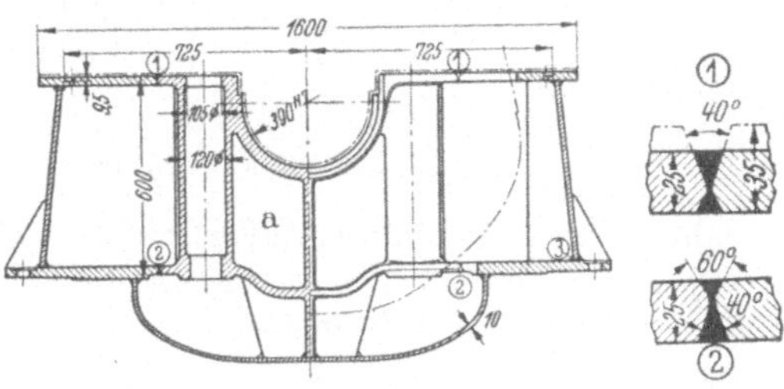

Abb. 202. Einschweißen der Lagerstühle in die Grundplatte eines sechszylindrischen Dieselmotors.

Abb. 202a.

54 Beispiele für Abbrenn- (Absdhmelz-) Schweißung.

Arbeitsweise und Festigkeit s. S. 2.

Sinnbild für Abbrennschweißung: $\neq$

Abb. 203 $\cdots$ 207 geben einige Beispiele.

Abb. 203: Anschweißen eines Gabelstückes an eine Rundstahlstange.

Abb. 204: Verbindung des Schaftes und des Tellers zum Auslaßventil eines Brennkraftmotors.

Schneckenwellen werden vielfach aus Chrom-Nickelstahl gefertigt. Um an dem teuren legierten Stahl zu sparen, ist es vorteilhaft, die Schnecke a aus Chrom-Nickelstahl und die Wellenenden b aus St 50.11 herzustellen (Abb. 205) und durch Abbrennschweißung miteinander zu verbinden.

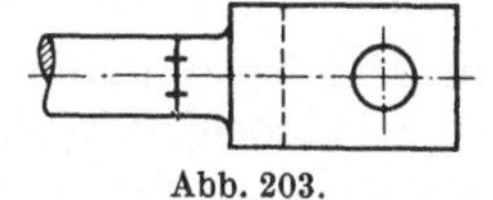

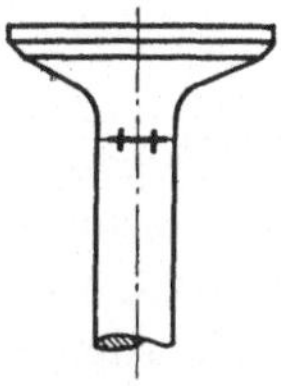

Abb. 203.

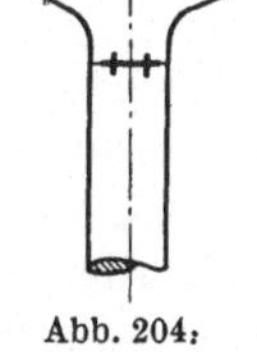

Abb. 204.

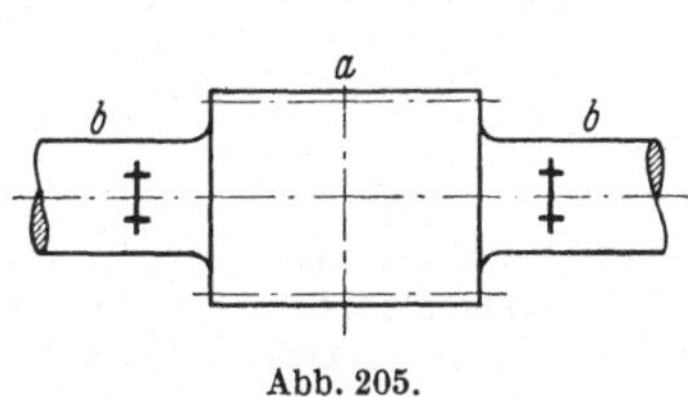

Abb. 205.

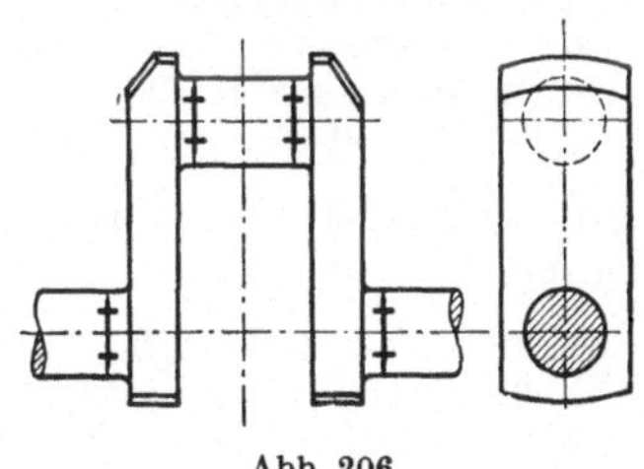

Abb. 206.

Abb. 206: Kurbelwelle, aus mehreren Teilen durch Abbrennschweißung hergestellt.

---

[1] MAN, Werk Augsburg.

Abb. 207: Treibstange zu einer Lokomotive 250 PS, $D - h_2 \times 750$[1]. Die beiden Köpfe sind im Gesenk geschmiedet und werden durch Abbrennschweißung an den rohen Schaft angeschlossen.

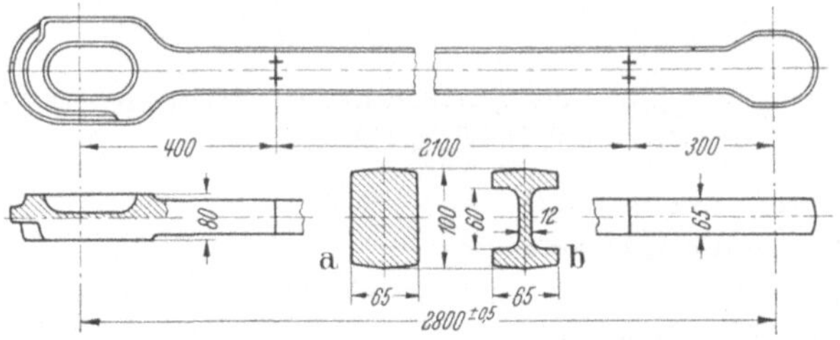

Abb. 207. Geschweißte Treibstange zu einer Lokomotive.

Abb. 207a: Querschnitt beim Verschweißen, Abb. 207b: Querschnitt nach der Bearbeitung.

Querschnittsfläche: $F \approx 64$ cm². Größte Stangenkraft: $P = 15\,000$ kg. Prüfmäßige Zugkraft der Stange: $34\,000$ kg $\approx 2{,}26\ P$.

55 Elemente der Rohrkonstruktionen.

Der Kreisringquerschnitt des Rohres mit der Wandstärke $s = d/30 \cdots d/10$ (Abb. 208) hat den Vorzug, daß sein Trägheitsmoment in allen Richtungen gleich ist, was besonders bei Beanspruchung auf Knickung zweckmäßig ist. Bei Beanspruchung auf Verdrehung ist der Rohrquerschnitt den anderen Querschnittsformen gegenüber überlegen (s. S. 22). Dagegen kann er nur geringe Biegebeanspruchungen aufnehmen.

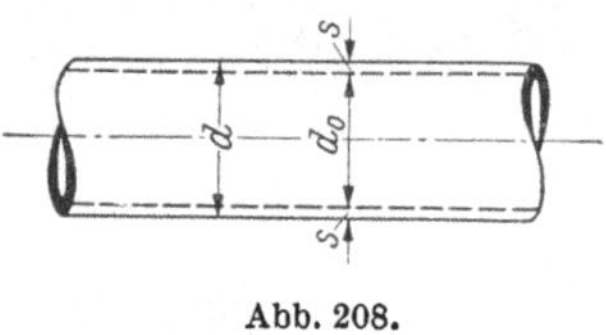

Abb. 208.

Der Hauptvorteil des Rohres als Konstruktionselement ist sein kleines Gewicht gegenüber den üblichen Walzprofilen. Dagegen ist der Einheitspreis des Rohres wesentlich höher als der der anderen Walzprofile. Werkstoff der Rohre s. S. 8.

Die Rohre lassen sich mit geeigneten Vorrichtungen verschiedenartig (durch Aufweiten, Verengen, Biegen, Anflächen, Stanzen, Bördeln usw.) formen. Aus runden Rohren können Hohlprofile wie Quadrat, Rechteck u. a. hergestellt werden [23 u. 24].

Das Anwendungsgebiet des Rohres ist mit Hilfe des Schweißens sehr vielseitig. Es werden hergestellt: Hochbauteile wie Stützen, Dachbinder, Kuppeln, Aussichtstürme, Sprunggerüste usw. Ferner Masten für elektrische Leitungen, Feuerwehrleitern, Teile für Kraftfahrzeuge u. a.

Auch im Hebezeugbau findet das Rohr seines geringen Gewichtes wegen in zunehmendem Maße Verwendung. Während bisher nur die Ausleger kleinerer Krane (Wanddrehkrane und Bordwippkrane) aus Rohren hergestellt wurden, ist dies neuerdings auch bei großen Kranen der Fall. So z. B. wurde der Ausleger eines vollständig geschweißten fahrbaren Tordrehkranes mit wippbarem Ausleger von 3000 kg Tragkraft und 20 m Ausladung in Rohrkonstruktion ausgeführt [33, III. Bd.).

Abb. 209 $\cdots$ 230 zeigen die wichtigsten schweißtechnischen Gestaltungselemente der Rohrkonstruktionen.

Abb. 209 $\cdots$ 211: Rohrstöße (Stumpfstoß, Schrägstoß und Fischgrätenstoß).
Abb. 212: Stoß mit eingeschweißter Platte bei Rohren von verschiedenem Durchmesser.
Abb. 213 u. 214: Übergang vom großen zum kleinen Durchmesser durch Schlitzen und Verengen des Rohres bzw. durch Aufweiten.
Abb. 215: Verkleinerung des Rohrdurchmessers durch Verschrauben.
Abb. 216 $\cdots$ 218: L-Stöße von Rohren, Abb. 219 u. 220 T-Stöße, Abb. 221 Kreuzstoß und Abb. 222 Anschluß von Diagonalen bei Rohrkonstruktionen.

---

[1] Lokomotivfabrik „Karl Marx", Potsdam-Babelsberg.

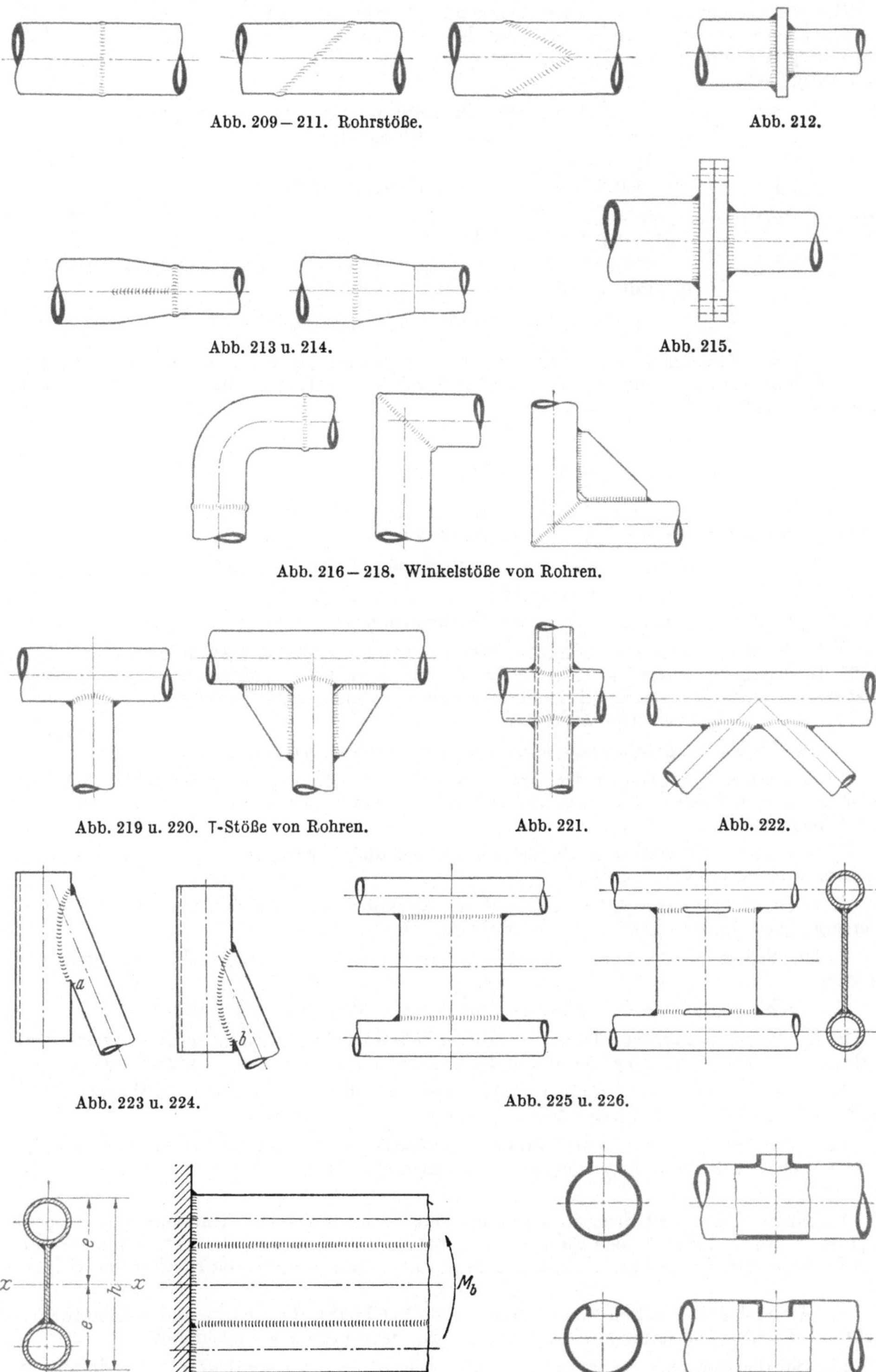

Abb. 209 — 211. Rohrstöße.

Abb. 212.

Abb. 213 u. 214.

Abb. 215.

Abb. 216 — 218. Winkelstöße von Rohren.

Abb. 219 u. 220. T-Stöße von Rohren.

Abb. 221.

Abb. 222.

Abb. 223 u. 224.

Abb. 225 u. 226.

Abb. 227.

Abb. 228 u. 229.

Bei dem Anschluß des schrägen Rohres an ein Fahrzeugteil (Abb 223) kann bei *a* nicht geschweißt werden, wodurch die Festigkeit der Verbindung ungenügend ist. Durch Tieferlegen des schrägen Rohres (Abb. 224) kann dagegen bei *b* geschweißt werden und der Anschluß ist vollwertig [34].

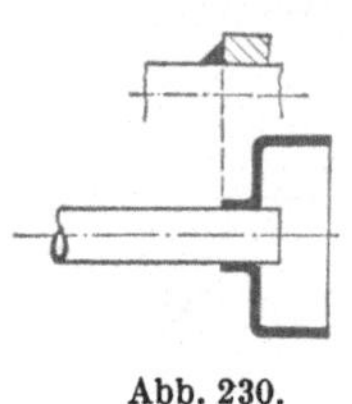
Abb. 230.

Abb. 225 u. 226: Querverbindungen von Rohren. Die Ausführung nach Abb. 226 spart an Schweißnähten.

Zwei durch einen Steg miteinander verbundene Rohre (Abb. 227) sind zum Aufnehmen von Biegekräften geeignet.

Abb. 228 u. 229: Rohre mit Bohrungen, die nach außen bzw. nach innen umgebördelt sind.

Abb. 230: Schweißanschluß eines Rohres an eine nach außen umgebördelte Bohrung.

Weiteres über Rohrverarbeitung s. [24].

Bettzieche: Zweckmäßige Gestaltung von Rohrknoten (Möglichkeit der Ausbildung geschweißter Rohrknotenpunkte — Konstruktionsbeispiel — Beispiel für den Rechnungsgang). Schweißen und Schneiden 1952, S. 116.

56 Gestaltungsrichtlinien.

Für das Entwerfen der geschweißten Bauteile lassen sich Richtlinien aufstellen, deren Befolgung ein schweißgerechtes und wirtschaftliches Konstruieren [32] ermöglichen.

1. Einwandfreie Festlegung der an dem Bauteil angreifenden Kräfte und der prozentualen Häufigkeit der Höchstbelastung (s. S. 19).

2. Verfolgung des Kraftflusses in der Konstruktion.

3. Wahl des geeigneten Werkstoffs. Wenn möglich, verwende man den stets lieferbaren St 37. Bei wenig belasteten Teilen ist der St 00, wenn auch seine Festigkeitswerte nicht gewährleistet sind, vielfach ausreichend. Legierte Stähle sind teuer; man verwendet sie daher nur an Stellen, wo es unbedingt erforderlich ist.

Bei Wahl des Werkstoffes nehme man die am Lager vorhandenen Größen.

4. Sparsames Zuschneiden der Grundteile durch Anordnung von Schnittskizzen auf den Zeichnungen (s. S. 49). Nur mit dem Brenner schneiden, wo es unbedingt erforderlich ist, sonst maschinell.

5. Abfallteile (Bleche und Profilstähle) lassen sich, besonders bei kleineren Schweißkonstruktionen, nutzbar machen.

6. Durch richtige Formgebung, z. B. durch Abkanten von Blechteilen, sowie die Wahl geeigneter Querschnittsformen an Schweißnähten sparen.

7. Die Schweißnähte nicht an hochbeanspruchten, am meisten gefährdeten Stellen anordnen.

8. Auf Zugänglichkeit der Nähte achten (Platz für den Elektrodenhalter).

9. Die teuren umhüllten Elektroden nur bei höherer Beanspruchung der Nähte verwenden. Bei niedriger Beanspruchung sind die billigen blanken Elektroden stets ausreichend.

10. Das Häufen von Schweißnähten an einer Stelle ist wegen der starken Wärmewirkung und den darauf folgenden großen Schrumpfspannungen zu vermeiden.

11. An Schweißvolumen sparen und die Nahtdicke nur so stark halten, als dies unbedingt erforderlich ist. Hierdurch werden auch die Eigenspannungen (Schrumpfspannungen) vermindert.

12. Nach Möglichkeit Stumpfnähte anordnen, da bei denen der Kraftfluß geradlinig verläuft (s. S. 10). X-Nähte haben zwar ein kleineres Schweißvolumen, erfordern aber ein Wenden des Werkstückes. Ist dies nicht angängig, dann ordne man bei größeren Blechdicken U-Nähte an.

13. Als Kehlnähte nehme man allgemein die Flachnaht. Hohlnähte und versenkte Kehlnähte sind teurer und daher nur bei schwingender Beanspruchung angebracht.

14. Bei der Formgebung trage man den Forderungen des Leichtbaues [5] Rechnung und nehme die Wandstärken so dünn, als es die Festigkeit in Rücksicht auf etwaiges Ausbeulen zuläßt. Gute Aussteifungen wie z. B. bei der Zellenbauweise sind wesentlich.

15. Rücksichtnahme auf das Schrumpfen der Teile und etwaiges Verziehen nach dem Erkalten. Teile, die beim Schweißen in Vorrichtungen eingespannt sind, haben je nach dem Einspannungsgrad entsprechend große Eigenspannungen.

16. Teile, die keine höheren Eigenspannungen haben dürfen, werden spannungsfrei (500···600°) geglüht. Das Spannungsfreiglühen ist aber teuer und kommt daher nur für hochwertige, nicht zu große Bauteile in Betracht.

6. Vorbereitung zum Schweißen.

61 Zuschneiden der Grundteile.

Wenn möglich, schneide man maschinell (auf Scheren) zu, da das Brennschneiden, autogene Schneiden [19], wegen des Gasverbrauchs teurer ist. Damit das Zuschneiden mit dem geringsten Werkstoffabfall geschieht, sind auf den Werkzeichnungen *Schnittskizzen* anzuordnen. Umfangreiche, vielgestaltige Schweißkonstruktionen erfordern für das Zuschneiden und Formen der Grundteile besondere Zeichnungen.

Der in den Werkstätten anfallende Schrott (Blech- und Formstahlteile) läßt sich stets für kleinere Schweißkonstruktionen nutzbar machen.

Abb. 231···238 geben einige Schnittskizzen, in denen die Teile maschinell oder maschinell und autogen zugeschnitten sind.

Abb. 231: Blechschilde zu einer Hakenflasche und Abb. 232 Schilde zu einer Handkabelwinde, beides maschinelle Schnitte.

Abb. 233: Zuschnitt zum Backenhebel einer doppelten Backenbremse (Abb. 253, S. 52) aus Flachstahl.

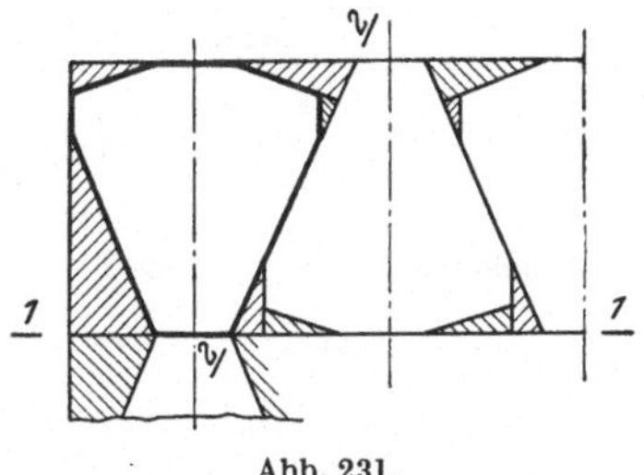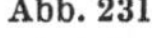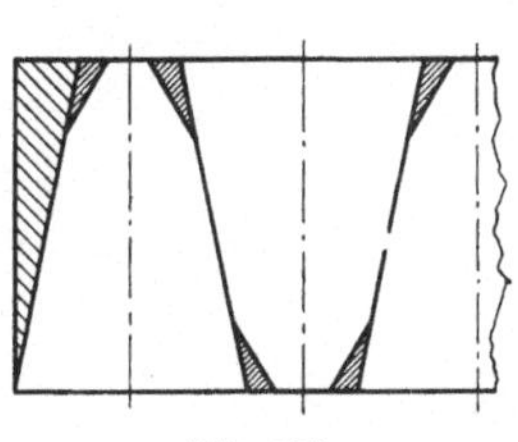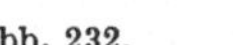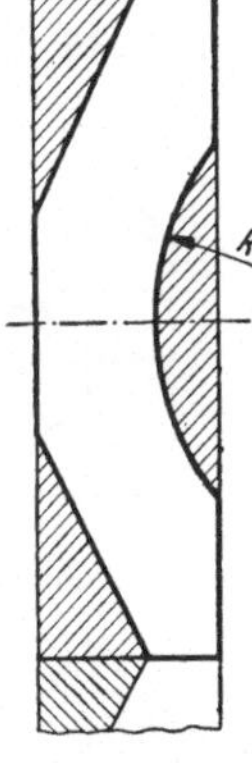

Abb. 231.   Abb. 232.   Abb. 233.

Abb. 234 u. 235: Ober- und Unterteil zu den Kastenwänden des Schneckenkastens Abb. 289, S. 62. — Abb. 236: Schnittskizze zum Zuschneiden von Ringabschnitten.

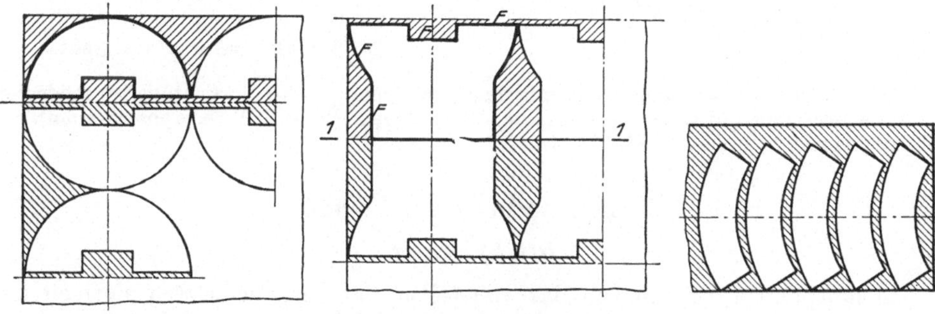

Abb. 234 u. 235. Schnittskizzen zu den Wänden des Schneckenkastens Abb. 289.   Abb. 236.

Abb. 237. Zuschneiden der abgewickelten mittleren Schüsse zum Rohrkrümmer Abb. 118, S. 35.

4 Hänchen, Schweißkonstruktionen.

Abb. 238: Hebelteile zu einer doppelten Backenbremse.
Abb. 239…242 zeigen einige Supportschnitte.
Abb. 239…241: Geteilte Lagerkörper für Räderkästen.
Abb. 242: Zuschnitt eines schweren Deckellagers für Baggerbetrieb.

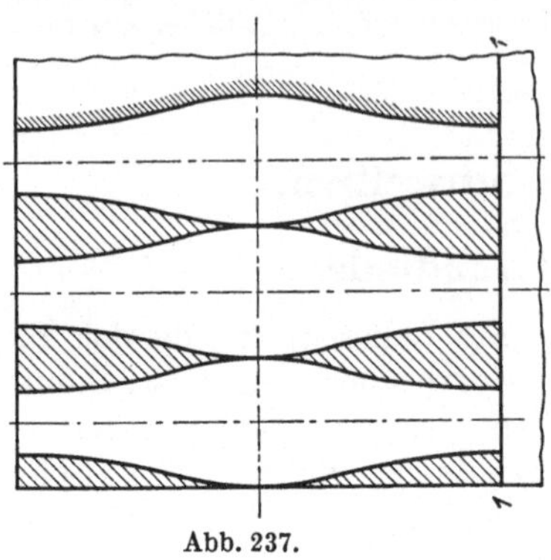

Abb. 237.

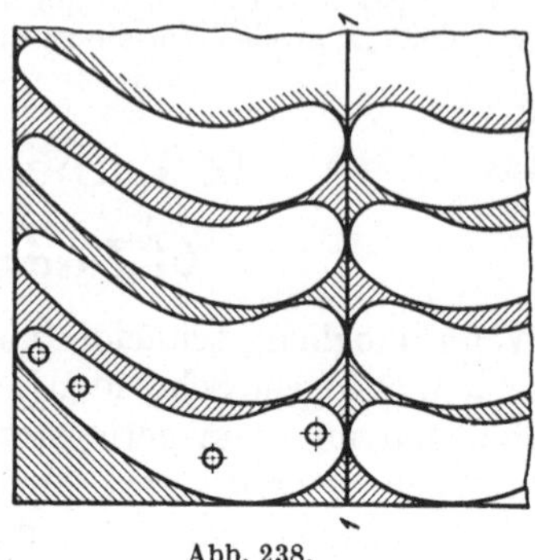

Abb. 238.

Profilstähle werden auf Maschinen zugeschnitten, die so ausgebildet sind, daß sie zum Blechschneiden, Ausklinken und Gehrungsschneiden sowie zum Lochen verwendbar sind.

Abb. 243…245: Ausklinken von ⊏-Stahl. Abb. 243 Ausklinken zum Winkelstoß; Abb. 244 desgleichen zum T-Stoß; Abb. 245 Winkelstoß, auf Gehrung geschnitten.

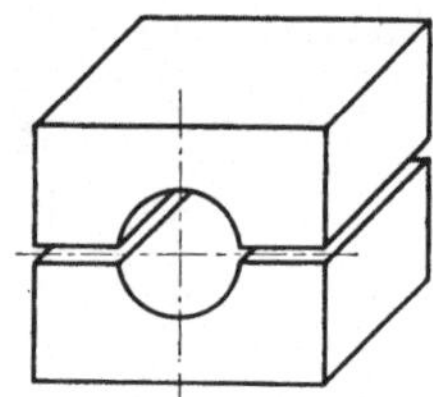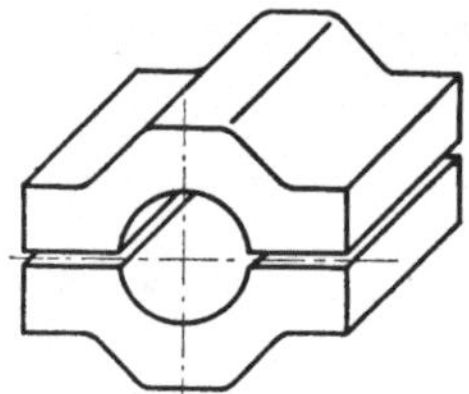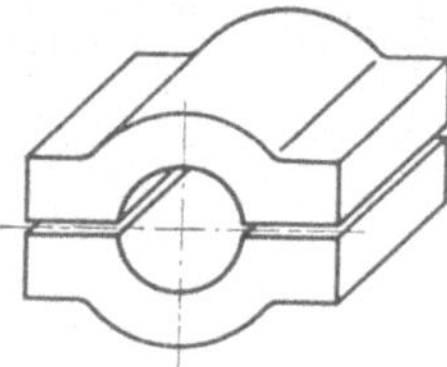

Abb. 239—241. Mit dem Brenner zugeschnittene geteilte Lagerkörper (Supportschnitte).

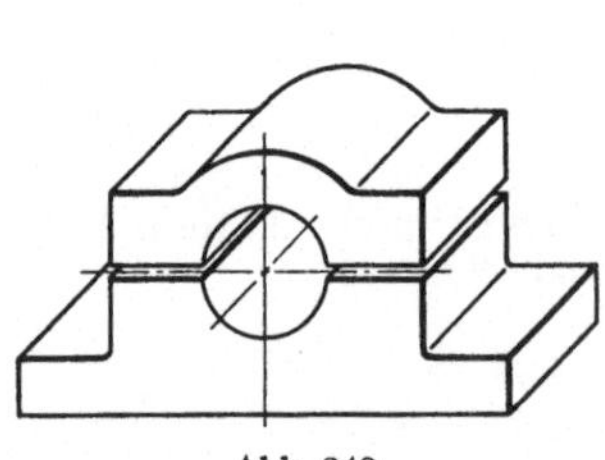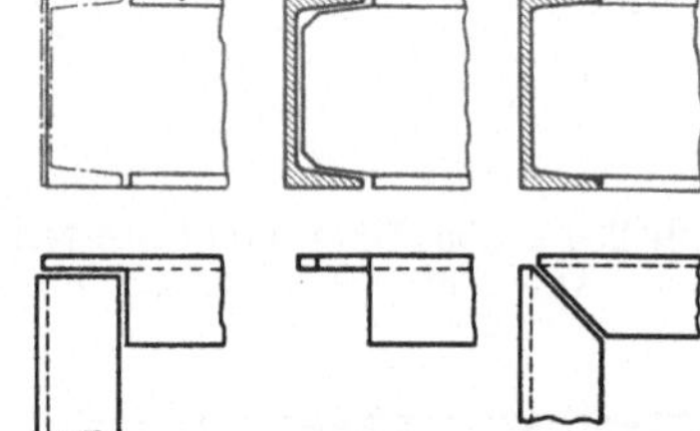

Abb. 242.

Abb. 243—245. Ausklinken von ⊏-Stahl.

von Hofe, Die Entwicklung der Brennschneidemaschine von der Vorrichtung zur modernen Werkzeugmaschine (Mitt. der Beratungsstelle f. Autogentechnik E. V. Knappsack-Köln). Schweißen und Schneiden 1952, S. 314.

62 Herstellung der Formen.

621 Abkanten.

Abkantpressen ermöglichen das Herstellen der verschiedensten Formen aus Blechtafeln oder -streifen.

Abb. 246a…f zeigen einige auf der Abkantpresse ausgeführte, oft vorkommende Profile. nach Art der Form sind verschiedene Werkzeuge (Lineal und Matrize) erforderlich. Die

Matrize Abb. 247 hat vier Kerben zum Abkanten unter verschieden großem Winkel. Ausführung der Form Abb. 248 erfordert ein besonderes abgekröpftes Lineal.

622 Biegen.

Das Biegen von Blechen wie Behälter- und Kesselschüssen geschieht auf Biegemaschinen, die mit drei Walzen ausgerüstet sind.

Auf Rollenbiegemaschinen mit senkrecht oder schräg stehenden Rollen[1] können geschlossene Ringe aus Flach-, L-, T-, I- und C-Stahl gebogen werden.

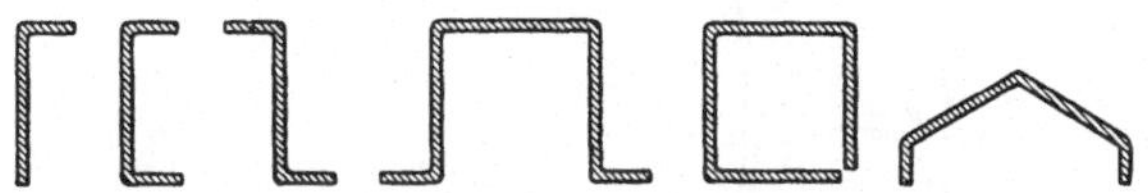

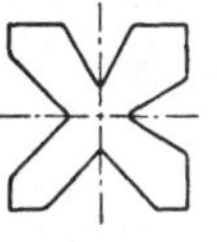

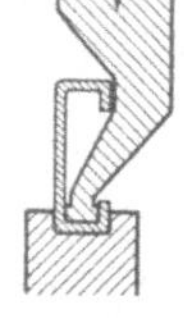

Abb. 246a—f. Auf der Abkantpresse hergestellte Querschnittsformen.   Abb. 247.   Abb. 248.

Bei schräg liegenden Biegerollen kann die Maschine Winkelstahl mit innen liegendem, waagerechtem Schenkel auf kleinere Durchmesser biegen, als dies bisher auf kaltem Wege möglich war.

7. Ausführungsbeispiele aus dem allgemeinen Maschinenbau.

Von den im Maschinenbau vorkommenden, konstruktiv sehr mannigfaltigen Bauteilen sind die meisten geeignete Schweißgegenstände.

Hinsichtlich den im Werkzeugmaschinenbau neuerdings geschweißten Bauteilen wie Pressenständer, Betten von Hobel- und Drehbänken, Schleifmaschinen, Tischen, Ständern, Rahmen usw. wird auf Heft 1 der Konstruktionsbücher verwiesen.

71 Hebel.

Die Hebel sind ihrem Verwendungszweck entsprechend baulich sehr verschieden.

712 Einfache Hebel und Handkurbeln.

Abb. 249 u. 250: Flachstahlhebel. Der Anschluß des Flachstahls an ein quadratisches Auge (Abb. 249) ist schweißtechnisch am besten. Berechnung des Nahtquerschnittes s. Beispiel 2, S. 29. Die Ausführung mit rundem Auge (Abb. 250) ist seitlich leichter bearbeitbar.

Abb. 251: Hebel mit Rohrquerschnitt. Das Rohr ist gegen das schwächere Auge zu verjüngt.

Abb. 252: Der Hebel ist durch zwei Rundnähte (Ringnähte) auf der Welle aufgeschweißt. Berechnung der Rundnähte s. Beispiel 4 S. 31.

Abb. 253: Backenhebel zu einer doppelten Backenbremse. Zuschnitt der Hebelteile aus Flachstahl s. Abb. 233, S. 49.

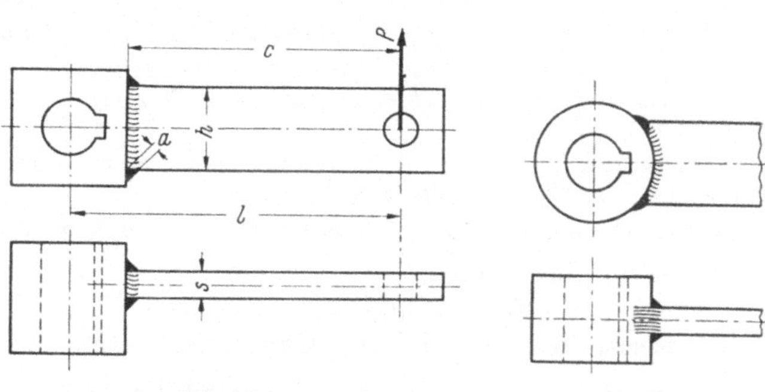

Abb. 249.   Abb. 250.

Abb. 254. Auf der Welle aufgeschweißter Hebel zu einem Bremsgestänge. Der Hebel liegt nur zur Hälfte an der Welle an. Wegen der kurzen Nahtlänge wurden versenkte Kehlnähte (Abb. 254a) angeordnet, deren Verdrehungsfestigkeit größer ist.

---

[1] *Henry Pels*, Berlin.

4*

Abb. 255: Fußhebel zu einer doppelten Backenbremse. Zum Aufsetzen des Fußes ist am Hebelende eine Riffelblechplatte aufgeschweißt.

Abb. 256: Geschweißte Handkurbel. Der Flachstahlarm ist an ein Auge aus Quadratstahl angeschweißt und durch eine Rippe versteift. Die geschweißten Kurbeln sind wesentlich billiger als die von Hand geschmiedeten. Nur bei großer Fertigungszahl und Herstellung im Gesenk sind die geschmiedeten Kurbeln billiger.

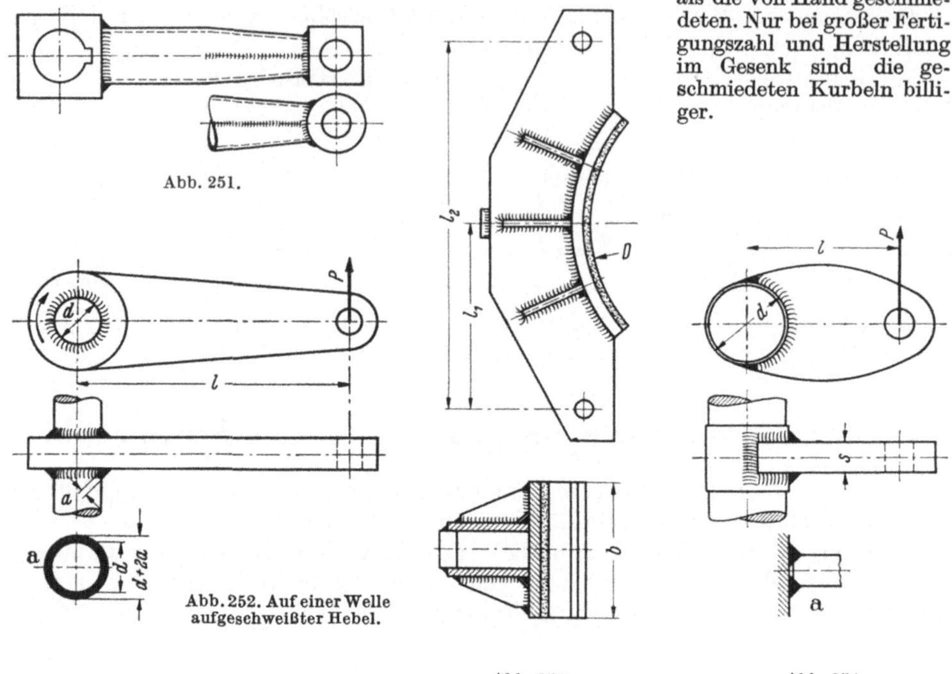

Abb. 251.

Abb. 252. Auf einer Welle aufgeschweißter Hebel.

Abb. 253.   Abb. 254.

713 Doppelarmige Hebel.

Der in Abb. 257 dargestellte Hebel hat seitlich angeschweißte Rundstahlnaben. Die Ausführung Abb. 258, bei der die Hebelarme an der Nabe angeschweißt sind, ist schweißtechnisch richtiger.

Bei dem doppelarmigen Hebel Abb. 260 S. 54 haben die Arme Kastenquerschnitt und sind an die quadratische Nabe angeschweißt.

Beispiel 7. Berechnung des doppelarmigen Hebels Abb. 259 u. 260.

Länge der Hebelarme (Abb. 259): $l_1 = 600$ mm; $l_2 = 400$ mm. Abmessungen (Abb. 260): $c = 150$ mm; $d = 80$ mm; $h = 110$ mm; $b = 70$ mm; $s = 8$ mm. Nahtdicke: $a = 5$ mm; Werkstoff: St 37.

Hebelkräfte (Abb. 259): $P_1 = 300$ kg; $P_2 = 450$ kg; prozentuale Häufigkeit der Hebelkräfte: $h_b = 100\%$. Stoßzahl: $\varphi = 1{,}2$.

a. Berechnung des Schweißquerschnittes I—II in Abb. 260.

1. Angriff. Biegemoment:
$$M_b = P_1 \left(l_1 - c/2\right) = 300\,(60 - 7{,}5) \approx 15\,800 \text{ kgcm}.$$
Die noch auftretende Schubkraft wird vernachlässigt.

2. Nennspannung. Widerstandsmoment des Schweißquerschnittes (Abb. 261): $W_x \approx 51\,\text{cm}^3$. Biegespannung:
$$\varrho_b = M_b/W_x = 15\,800/51 \approx 310 \text{ kg/cm}^2.$$

3. Zulässige Spannung (s. S. 27).
$$\varrho_{b\,zul} = \frac{\alpha_o\,\alpha\,\beta\,\sigma_O}{\varphi\,v_{erf}} = \frac{1 \cdot 0{,}4 \cdot 0{,}9 \cdot 2200}{1{,}2 \cdot 2} \approx 330 \text{ kg/cm}^2.$$

b. Nennspannung im Anschlußquerschnitt. Biegemoment:

$$M_b = P_1\,(l_1 - c/2 - 1{,}4a) = 300 - (60 - 7{,}5 - 0{,}7) = 300 \cdot 51{,}8 \approx 15\,600 \text{ kgcm.}$$

Biegespannung: $\sigma_b = M_b/W_x = 15\,600/61 \approx 256 \text{ kg/cm}^2.$

714 Winkelhebel.

Der Hebel Abb. 262 S. 54 ist mit dem Brenner zugeschnitten und hat eine angeschweißte Rundstahlnabe. Die Ausführung Abb. 263 ist schweißtechnisch richtiger und billiger.

Bei der Ausführung Abb. 264 sind die Hebel-arme Flachstähle, die an eine quadratische Nabe angeschweißt sind. Der Schweißquerschnitt des kurzen Hebelarmes mit der Länge l_1 ist am stärksten belastet. Berechnung nach den Angaben S. 29.

Der Hebel Abb. 265 S. 55 ist aus zwei Blechen gebildet, die an die Rundstahlnabe angeschweißt sind. Zur Querverbindung dienen zwei ange-schweißte Flachstähle.

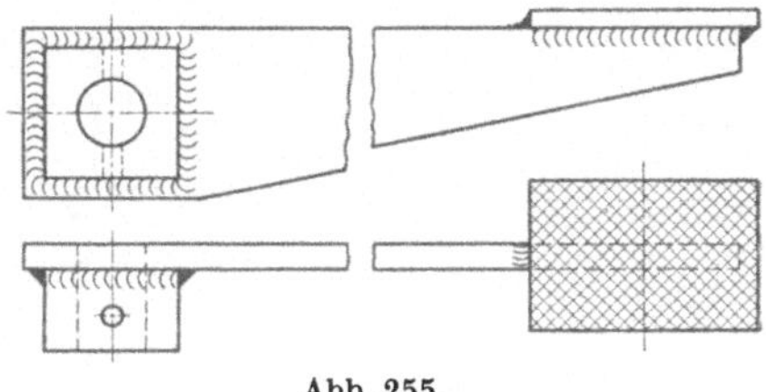

Abb. 255.

Abb. 266: Als Fußhebel dienender Winkelhebel mit Fußplatte aus Riffelblech.

72 Zahn- und Kettenräder.

721 Stirnräder.

Die Herstellung kleiner Stirnräder mit breiterer Nabe erfordert viel Schrupp-arbeit (Abb. 267 S. 55). Durch Anschweißen einer Nabe (Abb. 268), besser durch Aufschweißen des Rades auf eine Rundstahlnabe (Abb. 269) wird erheblich an Fertigungskosten gespart.

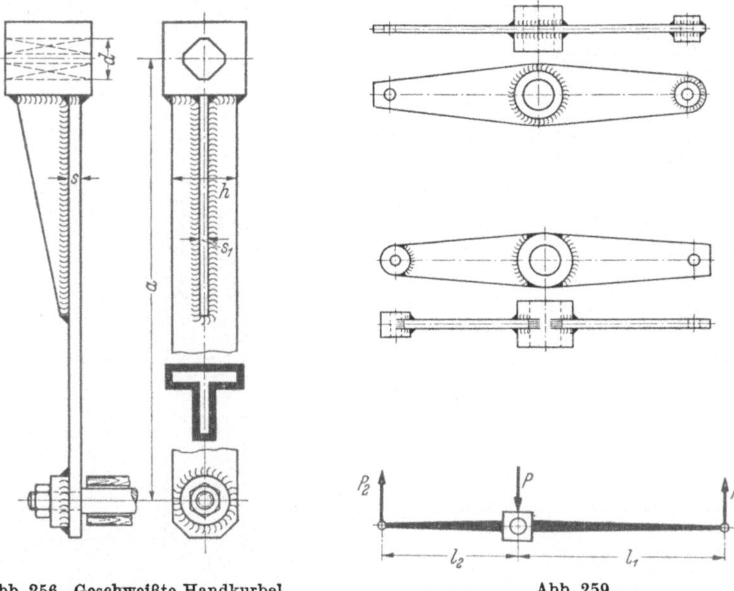

Abb. 256. Geschweißte Handkurbel.

Abb. 259.

Abb. 270 zeigt das Ritzel zum Triebstockvorgelege des Drehwerkes eines Hafendrehkranes. Zähnezahl: $z = 12$; Modul: $m = 20$ mm; Teilkreisdurchmesser: $D = 240$ mm. Ausführung nach Abb. 270a oder b.

Bei den Triebstockkränzen oder -Zahnstangen werden die Triebstöcke nicht mehr mit den Flachstählen vernietet, sondern angeschweißt (Abb. 271a u. b).

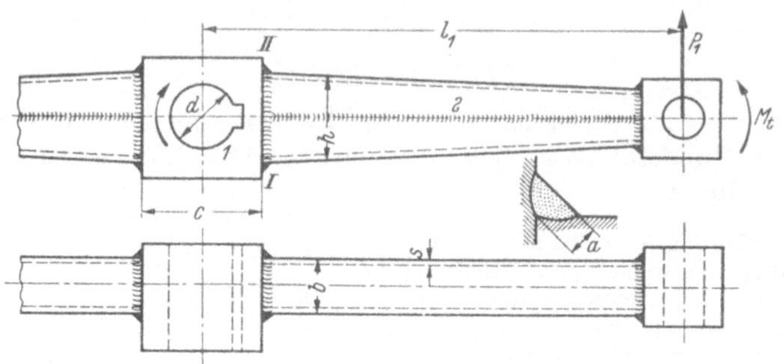

Abb. 260. Geschweißter doppelarmiger Hebel.

Größere Stirnräder werden als Scheibenräder (Abb. 272 S. 56) ausgebildet.

1 Rundstahlnabe; 2 Scheibe (mit dem Brenner zugeschnitten); 3 Kranz, aus Flachstahl gebogen und nach Abb. 273 zusammengeschweißt. Beim Einfräsen der Zähne muß Mitte Zahnlücke auf Mitte Stoß fallen. Es bleibt dann eine unverletzte V-Naht übrig (Abb. 273).

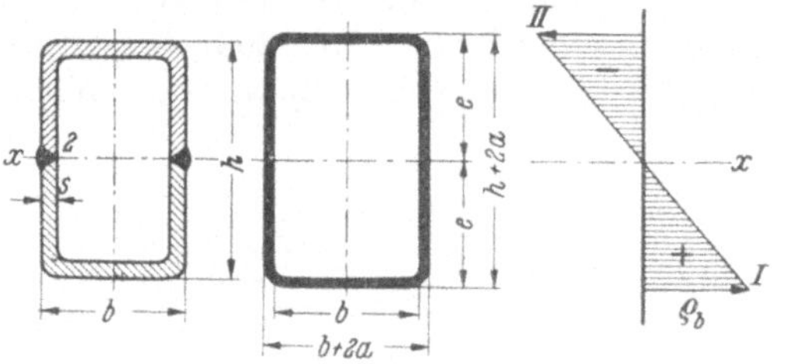

Abb. 261.

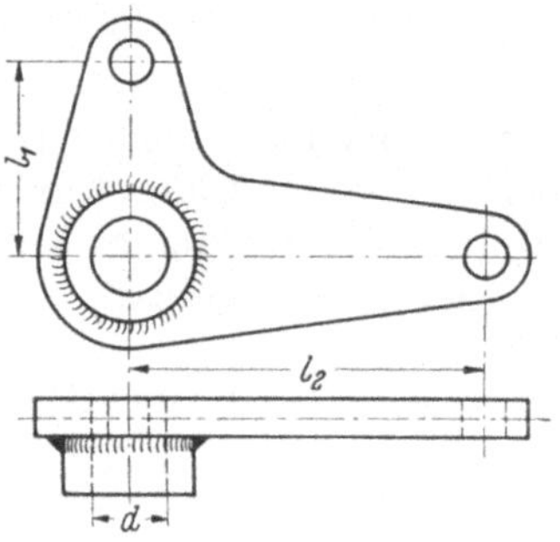

Abb. 262.

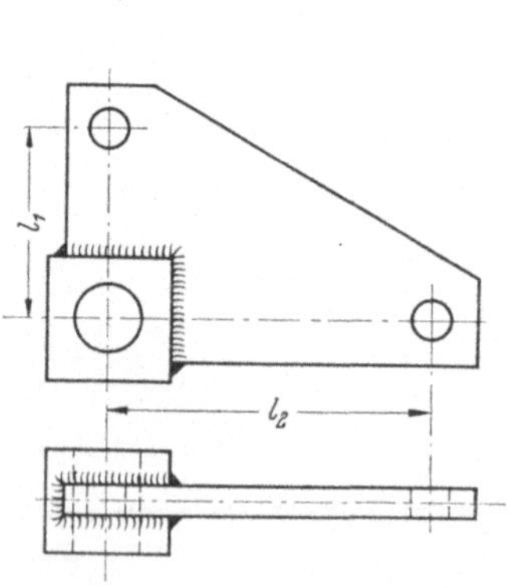

Abb. 263.

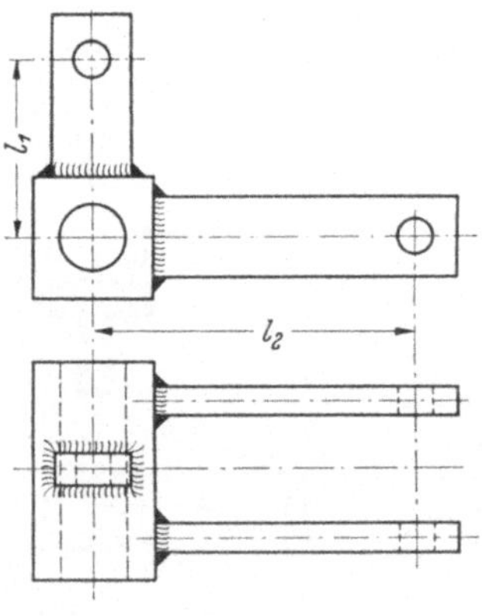

Abb. 264.

Werkstoff des Radkörpers je nach Beanspruchungsart St 37 oder Nabe und Scheibe aus St 37 und Kranz aus St 50.11.

Die Rundnähte S_1 und S_2 (Abb. 272) sind auf Verdrehung beansprucht.

Widerstandsmoment der Nähte S_1 (Abb. 272 Seitenriß):

$$W_{t1} = \frac{2}{R_1 + a_1}\left[(D_1 + 2a_1)\frac{4\pi}{32} - D_1\frac{4\pi}{32}\right]\ldots \text{cm}^3. \tag{19}$$

Widerstandsmoment der Nähte S_2:

$$W_{t2} = \frac{2}{R_2}\left[D_2\frac{4\pi}{32} - (D_2 - 2a_2)\frac{4\pi}{32}\right]\ldots \text{cm}^3. \tag{20}$$

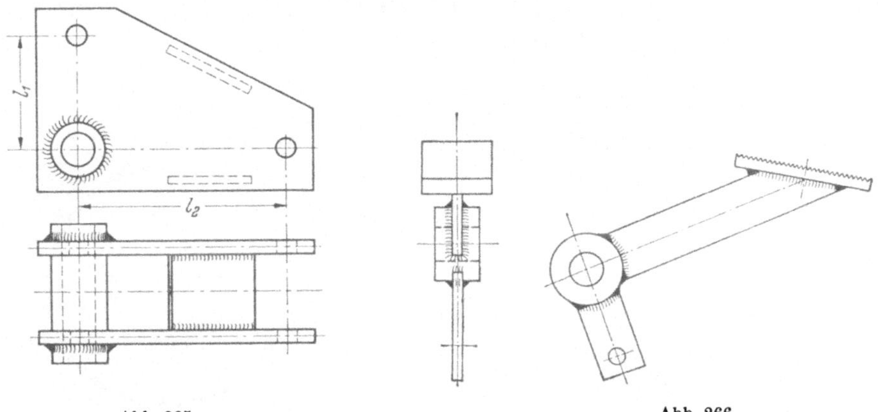

Abb. 265.   Abb. 266.

Beispiel 8. Berechnung der Rundnähte zum geschweißten Stirnrad Abb. 272 S. 56.

Zähnezahl: $z = 31$; Modul: $m = 10$ mm; Teilkreisdurchmesser: $D = 310$ mm; Zahnbreite: $b = 80$ mm; Bohrung: $d = 70$ mm.

Durchmesser: $D_1 = 120$ mm; $D_2 = 260$ mm.

Nahtdicken: $a_1 = 5$ mm; $a_2 = 4$ mm.

Werkstoff des Kranzes: St 50.11, der Nabe und Scheibe: St 37.

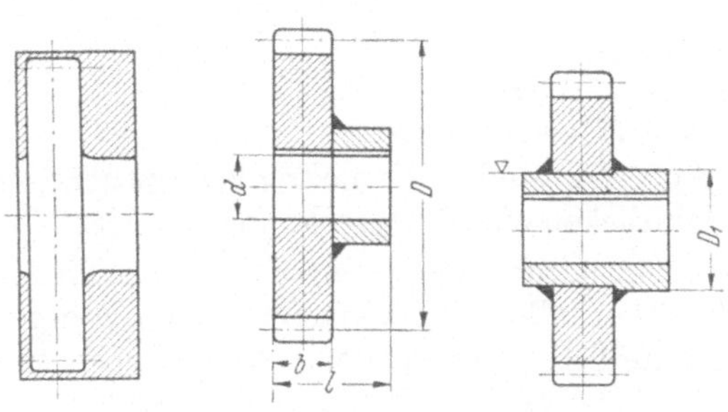

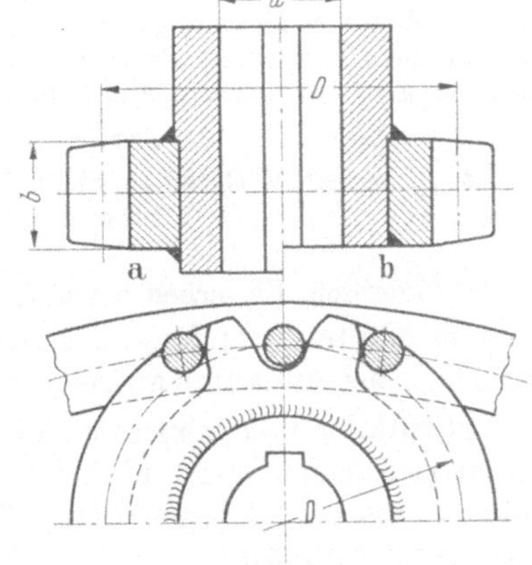

Abb. 267—269. Gestaltung kleinerer Stirnräder.   Abb. 270.

Zahndruck: $P = 1500$ kg; prozentuale Häufigkeit des größten Zahndruckes: $h_b = 100\%$; Stoßzahl: $\varphi = 1,5$.

1. Angriff. Beanspruchungsart der Nähte: Drehungsschwellfestigkeit. Drehmoment:

$$M_t = PR = 1500 \cdot 15,5 \approx 23300 \text{ kgcm.}$$

2. Nennspannungen. Nähte S_1 zwischen Nabe und Scheibe. Widerstandsmoment nach Gl. (19)

$$W_{t1} = \frac{2}{6 + 0,5}\left[(12 + 2 \cdot 0,5)\frac{4\pi}{32} - 12\frac{4\pi}{32}\right] \approx 236 \text{ cm}^3.$$

Drehungsspannung:

$$\varrho_{t1} = \varrho_{o1} = \frac{\varphi M_t}{W_{t1}} = \frac{1,5 \cdot 23\,300}{236} \approx 148 \text{ kg/cm}^2.$$

Nähte S_2 zwischen Kranz und Scheibe.
Widerstandsmoment nach Gl. (20)

$$W_{t2} = \frac{2}{13}\left[26^4\,\frac{\pi}{32} - (26 - 2 \cdot 0,4)\,\frac{4\pi}{32}\right] \approx 1000 \text{ cm}^3.$$

Drehungsspannung

$$\varrho_{t2} = \varrho_{o2} = \frac{\varphi M_t}{W_{t2}} = \frac{1,5 \cdot 23\,000}{1000} \approx 35 \text{ kg/cm}^2.$$

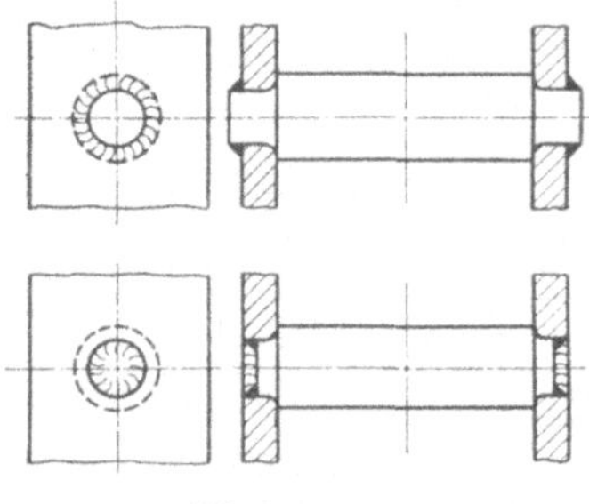

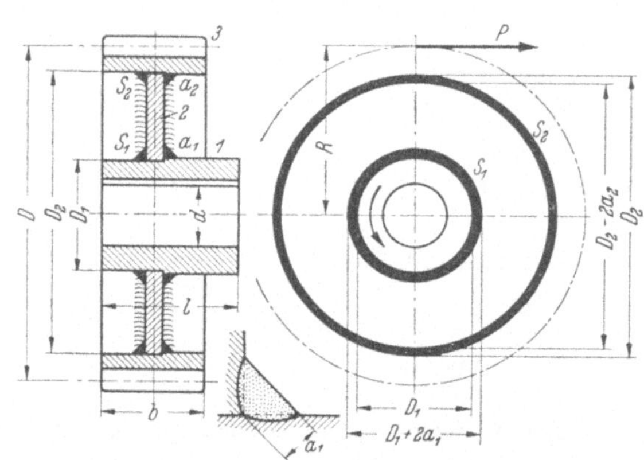

Abb. 271 a u. b.

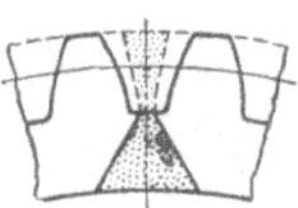

Abb. 273.

Abb. 272. Stirnrad (Berechnung der Rundnähte).

3. Nennspannung im Gefahrenzustand. Die reine Drehschwellfestigkeit der Rundnähte kann nach Abb. 63, S. 18 zu $\varrho_{tSch} \approx 800$ kg/cm² angenommen werden.

Berücksichtigt man die Bauteilgröße [17] mit dem Beiwert $b_1 \approx 0,7$, dann ist die Nennspannung im Gefahrenzustand (Oberspannung)

$$\varrho_{OG} = b_1 \varrho_{tSch} = 0,7 \cdot 800 \approx 560 \text{ kg/cm}^2.$$

4. Sicherheit. Vorhandene Sicherheit

$$v_1 = \varrho_{OG}/\varrho_{o1} = 560/148 \approx 3,8;$$
$$v_2 = \varrho_{OG}/\varrho_{o2} = 560/35 \approx 16.$$

Erforderliche Sicherheit bei $h_b = 100\%$ (s. S. 26): $v_{erf} = 2 \cdots 3.$

Die Nähte, besonders die Nähte S_2 (Abb. 272) sind meist niedrig beansprucht, so daß sich bei Annahme ausreichender Nahtdicken eine Nachrechnung erübrigt.

Stirnräder mit größerem Durchmesser erhalten Versteifungsrippen aus Flachstahl zwischen Nabe und Kranz (Abb. 274 u. 275). Bei kleinerer Zahnbreite genügen einseitige Rippen (Abb. 274), bei größerer werden beiderseits Rippen angeordnet (Abb. 275).

Aussparungen in der Radscheibe ergeben eine gewisse Gewichtsersparnis, doch erfordert das Ausbrennen derselben einen entsprechenden Gasverbrauch.

Abb. 276 zeigt die Schweißbauweise der *SSW, Berlin-Siemensstadt*.

Nabe und Kranz werden durch quadratische, an den Ecken abgerundete und um 45° zueinander versetzte Scheiben verbunden. Da die Scheiben an der Nabe nur durch einseitige Rundnähte S_1 anschließbar sind, müssen diese entsprechend kräftig gehalten werden.

Bei großem Zahndruck kann der Radkörper aus St 37 oder St 00 hergestellt werden und einen aufgepreßten oder warm aufgezogenen Kranz aus legiertem Stahl erhalten (Abb. 277 S. 58).

Abb. 278 zeigt den Zahnkranz zu einem Kranlaufrad von 800 mm Durchmesser. Er ist gegen das Laufrad zentriert und an ihm angeschraubt. Kranz und Befestigungsflansch sind durch Rippen zueinander versteift.

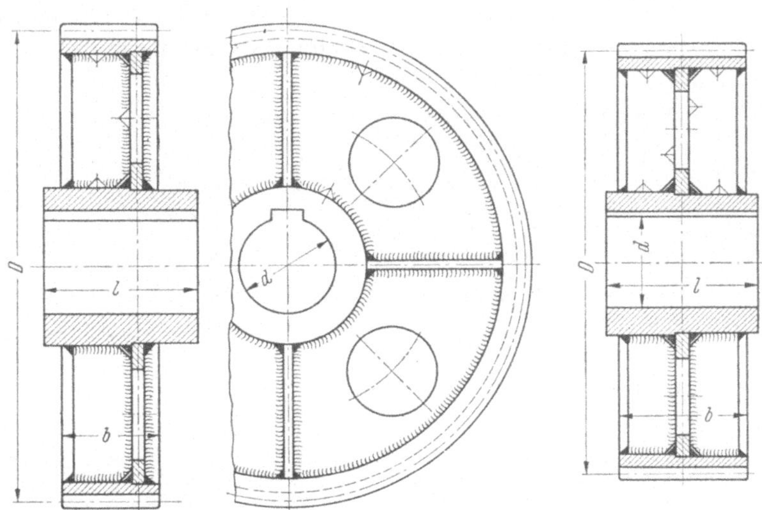

Abb. 274 u. 275. Stirnräder mit Rippen.

In Abb. 279 ist ein Stirnradsegment von 500 mm Teilkreishalbmesser und 120 mm Zahnbreite dargestellt.

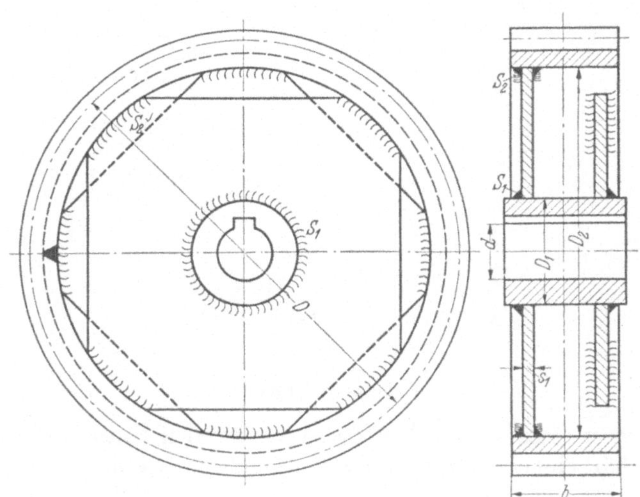

Abb. 276. Stirnrad (Schweißbauweise der SSW).

722 Kegelräder.

Während Stirnräder allgemein und zahlreich geschweißt werden, ist dies bei Kegelrädern weniger gebräuchlich.

Bei der Ausführung Abb 280. wird die Radscheibe aus einer Ringscheibe a durch Abdrehen hergestellt.

In Abb. 281 ist an der Scheibe a ein Ring b angeschweißt, der dann kegelig abgedreht wird. Dieser Ausführung wird man meist den Vorzug geben.

Bei Berechnung der Rundnähte zwischen Nabe und Scheibe ist zu beachten, daß bei Kegelrädern noch eine Zahndruckkomponente in Richtung der Wellenachse auftritt, die eine zusätzliche Schubbeanspruchung in den Nähten hervorruft.

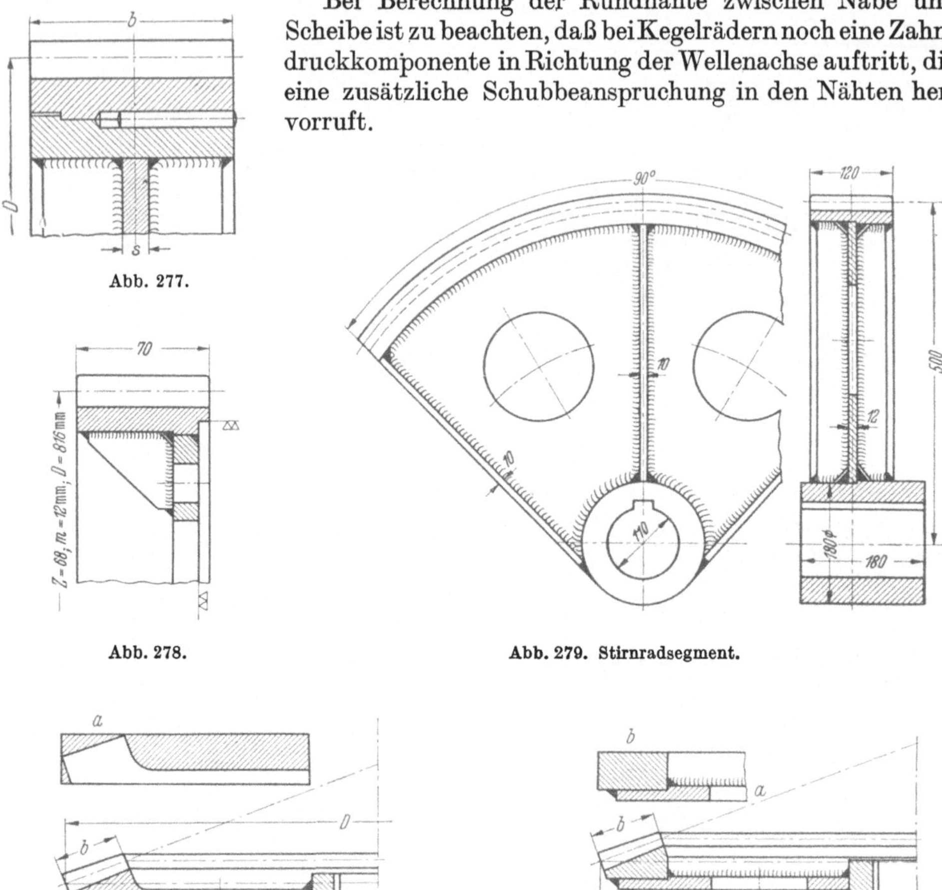

Abb. 277.

Abb. 278.

Abb. 279. Stirnradsegment.

Abb. 280 u. 281. Geschweißte Kegelräder.

723 Schneckenräder.

Der Radkörper wird in gleicher Weise wie bei den Stirnrädern (s. S. 57) ausgeführt und erhält einen aufgepreßten Zahnkranz aus Zinnbronze (GBz 14 bzw. 20), Abb. 282.

724 Kettenräder.

Kettenräder für Gelenkketten (Gallsche Ketten) werden im Hebezeugbau vielfach angewendet.

Bei kleinem Teilkreisdurchmesser D des Kettenrades werden Rad und Welle aus einem Stück gefertigt. Das Aufschweißen des Rades auf der Welle (Abb. 283) ist jedoch wesentlich billiger.

Berechnung der Rundnähte mit dem Drehmoment $M_t = SR$ [kgcm] (Abb. 283a) nach den Angaben S. 55. Die Nähte erhalten noch eine kleine zusätzliche Biegebeanspruchung.

Bei Berechnung der Welle auf Dauerhaltbarkeit ist die Schwächung des Querschnittes durch die Einbrandkerbe der Nähte zu berücksichtigen.

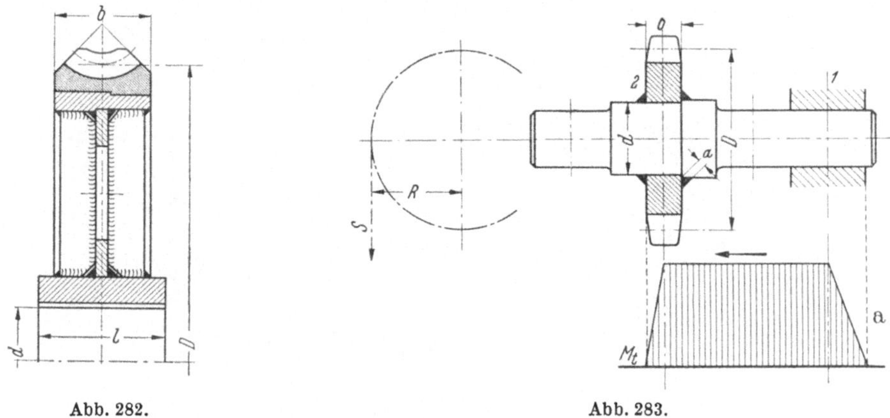

Abb. 282.   Abb. 283.

In Abb. 284 ist das Kettenrad auf einer Hohlwelle aufgeschweißt, auf der rechts das Antriebrad der Welle angeordnet ist.

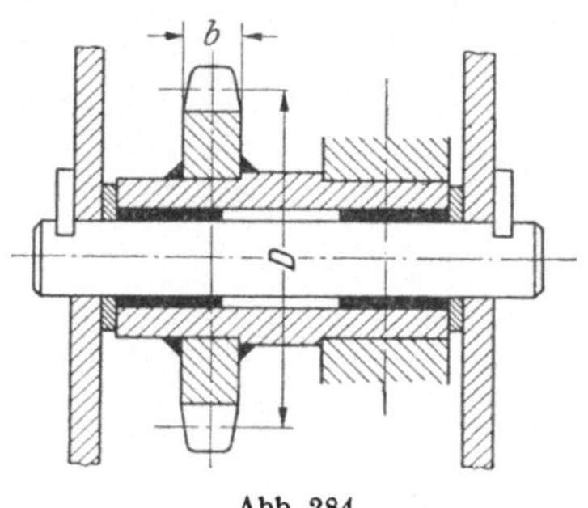

Abb. 284.

73 Räderkästen (Getriebekästen).

Kleinere und mittelgroße Räderkästen sind in verschiedenen Ausführungsformen und Größen genormt. Da sie in größeren Reihen hergestellt werden, sind sie gegossen billiger als geschweißt. Dagegen ist das Schweißen bei Einzelfertigung und besonders bei größeren Abmessungen der Kästen dem Gießen wirtschaftlich überlegen.

Bei schnell laufenden Wellen allgemein Anordnung von Wälzlagern. Bei langsam laufenden sind Gleitlager mit Rotguß- oder Bronzeschalen (Abb. 313, S. 67) vielfach ausreichend.

731 Stirnräderkästen.

Ausführung für ein oder zwei Stirnrädergetriebe.

Abb. 285 S. 60: Stirnräderkasten mit senkrechter Zentrale $C = 252$ mm[1].

I—I und II—II Teilfugen; a Kastenunterteil; b -mittelteil; c -oberteil; d Schaulochdeckel; e Ölablaß; f_1 und f_2 Paßstifte.

Lagerung der Wellen in Ringrillenlagern wie in Abb. 286. Obere Lager $45 \times 100 \times 25$; 6309 DIN 625; untere Lager $55 \times 120 \times 29 \cdot 6311$ DIN 625.

Teile der Schweißkonstruktion: 1 Teile zur Vorder- und Rückenwand; 2 und 3 Lagerkörper aus Rundstahl; 4 bis 6 Teile zur gebogenen Seitenwand; 7 bis 9 Teilfugenflanschen; 10 Tragpratzen zum Ausfetzen des Kastens auf $\sqsubset$-Stahlträgern; 11 Versteifungsrippen zu 10; 12 Versteifungsrippen zwischen den Lagerkörpern; 13 Aufsatz zum Schaulochdeckel; 14 angeschweißte Mutter zur Ölablaßschraube.

Nach dem Schweißen der Teile $a \cdots c$ werden die Teilfugenflächen bearbeitet, an den Flanschen aufeinandergelegt und durch Paßstifte f_1 und f_2 in ihrer Lage gesichert. Mit den Teilflächen werden auch die Auflageflächen der auf $\sqsubset$-Stählen sitzenden Pratzen bearbeitet. Nach Bohren

---

[1] Ardeltwerke GmbH, Osnabrück.

der Schraubenlöcher werden Unter-, Mittel- und Oberteil zusammengeschraubt. Danach Ausdrehen der Bohrungen für das Einsetzen der Ringrillenlager. Die Verschlußkappen zu den Lagern sind gegossen hergestellt.

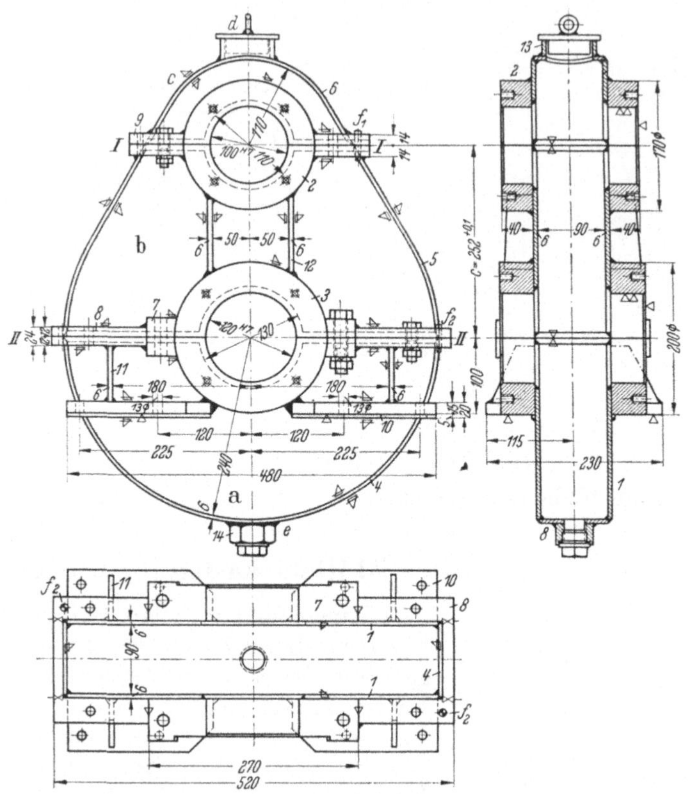

Abb. 285. Stirnräderkasten mit senkrechter Zentrale.

Werkstoff der Schweißteile: St 00 bzw. St 37.

Gesamtgewicht des Kastens ~ 80 kg.

Abb. 286 zeigt einen Stirnräderkasten mit schräger Zentrale $C = 320$ mm[1].

Der Kasten ist in baulicher Hinsicht ähnlich gestaltet wie der Räderkasten Abb. 285.

Der Stirnräderkasten Abb. 287 hat links einen angeschraubten Flanschmotor mit Bremsscheibe.

Das rechte Lager zur Welle mit dem Abtriebritzel ist durch Rippen gegen die Kastenwand abgesteift. Wegen des Kippmomentes des Motorgewichtes muß der Kasten genügend standfest sein. Seine Fußplatte ist daher entsprechend breit gehalten und durch zwei Rippen gegen die Kastenwand abgesteift.

732 Kegelräderkästen.

Abb. 288[2] S. 62 gibt die bildliche Darstellung des Kegelräderkastens zum Kranfahrwerk eines Tordrehkrans.

a Fußplatte; *b* Kastenwände abgekantet und durch Rippen *c* gegen *a* versteift; *d* geteiltes Lager zur waagerechten Fahrwerkswelle; *e* Versteifungsrippe zu *d*; *f* Lager zur stehenden (schwach geneigten) Welle; *g* Kastendeckel aus dünnem Blech geschweißt.

---

[1] Ardeltwerke GmbH., Osnabrück. — [2] Demag AG., Duisburg.

733 Schneckenkästen.

Ausführung der Kästen mit senkrechter Zentrale mit oben oder unten liegender Schnecke.

Der Schneckenkasten Abb. 289[1] hat unten liegende Schnecke und ist durch die waagerechte Radebene geteilt.

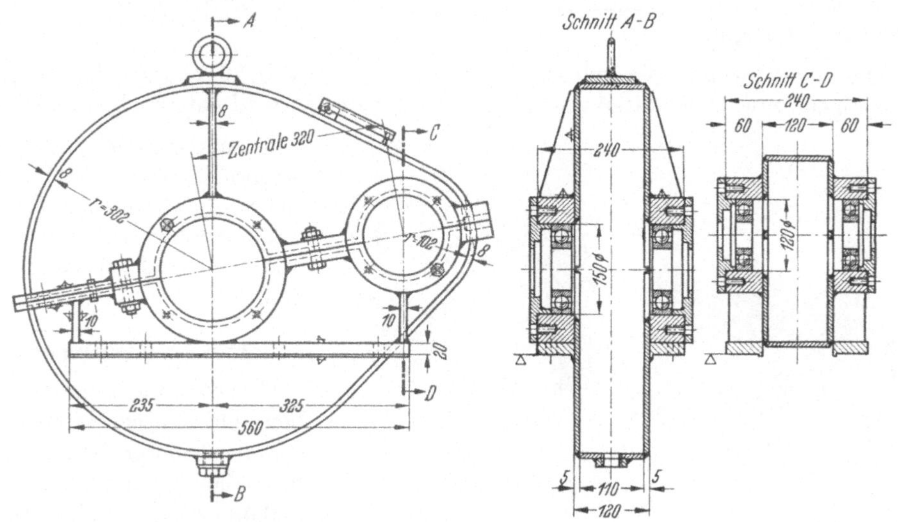

Abb. 286. Stirnräderkasten mit schräger Zentrale.

Die Lagerkörper a für die Schneckenwelle und b für die Radwelle sind aus Quadratstahl hergestellt. c Versteifungsrippe des Lagerkörpers b. Als Stützung des Kastens dienen Füße d die durch Rippen e versteift sind. f Transportösen; g Schaulochdeckel; h Ölstandzeiger.

Abb. 234 u. 235 S. 49 geben die Schnittskizzen zur Kastenwand.

Abb. 290 S. 63: Waagerechtes Schneckengetriebe mit geschweißtem Räderkasten zum Drehwerk eines Hafendrehkranes[2]. Zentrale $C = 180$ mm.

a Schneckenwelle; b_1 und b_2 Querlager; c doppeltwirkendes Längslager zu a; d Schneckenrad; e Rutschkupplung (Lamellenkupplung); f Kegelfeder zu e; g Schneckenradwelle; h Längslager, $i_1 \cdots i_3$ Querlager zu g; k Abtriebritzel; l Ölstandszeiger; I—I Teilfuge

Abb. 287.

des Kastens. Teile der Schweißkonstruktion: A Kastenunterteil; B -oberteil; 1 Grundplatte; 2 rundgebogene Stützung, bei k ausgebrannt; 3$\cdots$4 und 5$\cdots$6 Kastenwände; 7 Teilfugenflanschen; 8$\cdots$10 Lagerkörper aus Rundstahl zu $i_1 \cdots i_3$; 11$\cdots$15 Versteifungsrippen; 16 Ölring; 17 Lagerkörper zu b_1; 18 u. 19 desgleichen zu b_2 und c; 20 Schmierdeckel.

---

[1] SSW, Berlin-Siemensstadt. — [2] Ardeltwerke GmbH, Osnabrück.

74 Scheiben.

741 Bremsscheiben.

Die im Hebezeugbau verwendeten Bremsscheiben sind nach DIN 4003 in Gußausführung genormt.

Bei Bremsscheiben, die als Teil einer elastischen Kupplung dienen und die auf schnell laufenden Wellen sitzen, haben die gegossenen Scheiben ein großes Schwungmoment GD^2 [kgm²].

Durch geschweißte Herstellung der Bremsscheibe (Abb. 291) lassen sich die Abmessungen schwächer halten und das Schwungmoment wird entsprechend kleiner.

Die Ausführung Abb. 291 erfordert ziemlich viel Schweißarbeit, doch können die Nähte mit Ausnahme der Nähte S_1 nnd S_2 schwach gehalten werden.

742 Riemenscheiben.

Geschweißte Riemenscheiben sind den gegossenen gegenüber leichter, bruchsicherer, haben einen guten Rundlauf und sind gegen Hitze und Feuchtigkeit unempfindlich.

Stahlriemenscheiben[1] werden für Durchmesser D = 140···1600 mm in verschiedener Breite und Bohrung ausgeführt. Umfangsgeschwindigkeit bis ~ 25 m/sek. Herstellung in größeren Reihen (mindestens 50 Stück) aus dünnen Stahlblechen und dünnwandigen Stahlrohren durch elektrische Schweißung.

Bei geteilten Scheiben (Abb. 292 S. 64) wird die Teilung durch die Arme gelegt.

1 Nabe; 2 Kranz aus Blech mit U-förmigem Querschnitt; 3 Arme mit dem Querschnitt a; die Arme sind an eine geteilte Büchse und an den Kranz angeschweißt.

743 Seilscheiben.

Die im Hebezeugbau zahlreich verwendeten Seilscheiben werden meist gegossen hergestellt.

Abb. 293: Seilausgleichrolle mit kleinerem Durchmesser zum Hubwerk einer elektrisch betriebenen Laufkatze.

Abb. 288. Räderkasten zum Kegelrädergetriebe des Kranfahrwerks eines Portaldrehkrans.

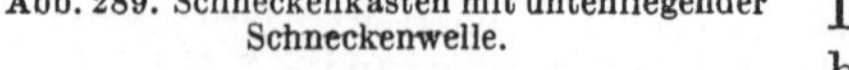

Abb. 289. Schneckenkasten mit untenliegender Schneckenwelle.

Abb. 294 zeigt eine geschweißte Seilscheibe von größerem Durchmesser[2].

---

[1] Vereinigte Stahlwerke A.-G., Dortmunder Union, Dortmund. — [2] Demag A.-G., Duisburg.

Der Kranz 2 besteht aus gebogenem L-Stahl und ist durch eine V-Naht stumpf gestoßen. Die an die Nabe 1 und an den Kranz angeschweißten Arme 3 sind Flachstähle, die zur Wellenachse geneigt angeordnet sind.

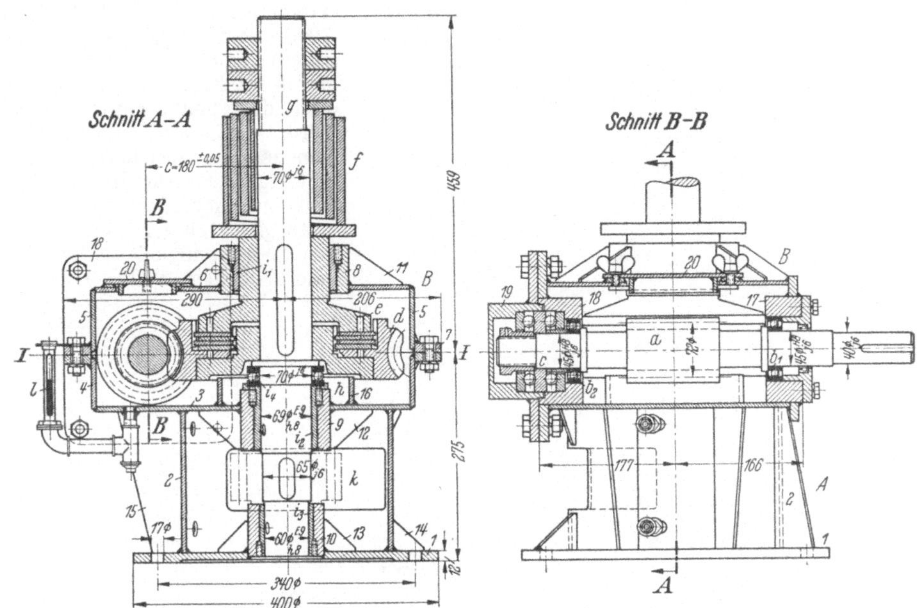

Abb. 290. Räderkasten zu einem Schneckengetriebe mit waagerechter Zentrale.

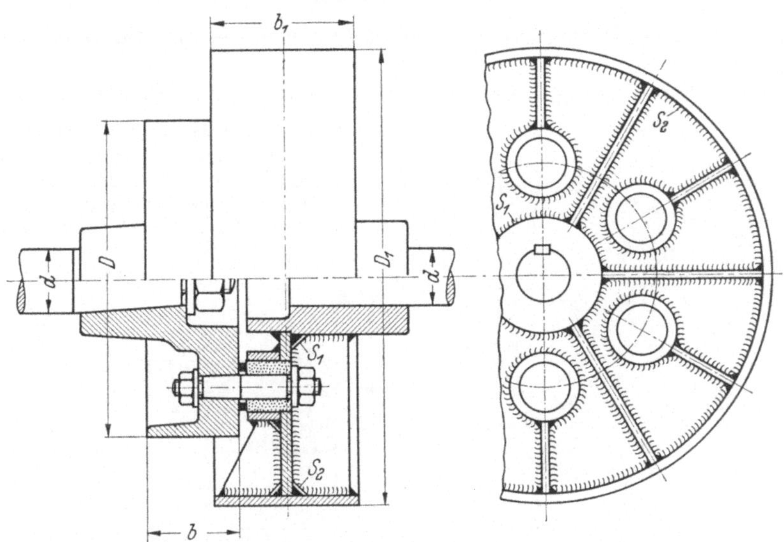

Abb. 291. Elastische Kupplung mit geschweißter Bremsscheibe.

Die Wirtschaftlichkeit des Schweißens dieser Scheiben ist von einer geeigneten Vorrichtung und einer genügend großen Stückzahl abhängig.

Seilscheiben mit großem Durchmesser (für Förderanlagen) erhalten ein Armsystem aus ⊏-Stahl (33 III). Bei diesen großen Scheiben wird durch das Schweißen eine sehr große Gewichtsersparnis dem Gießen gegenüber erzielt.

Die großen Scheiben (bis 7000 mm Ø) haben bei der bisherigen Ausführung mit Armsystem den Nachteil der Ventilatorwirkung und des hohen Luftwiderstandes beim Umlauf.

Bei der neuen völlig geschlossenen Ausführung (Demag A.-G., Duisburg) tritt dieser Nachteil nicht auf. Ausführung einer Treibscheibe (Koepescheibe) von 7000 mm Ø in Zellenbauweise. Durch radiale Schottwände, die mit der Stahlgußnabe, dem Kranz und den Seitenwänden ringsherum verschweißt sind, wird der Innenraum in gleichgroße Zellen unterteilt. Hierdurch entstehen I-Träger mit großer Tragfähigkeit unter gleichzeitiger Vergrößerung der Seitensteifigkeit. Schweißen und Schneiden 1952 S. 313.

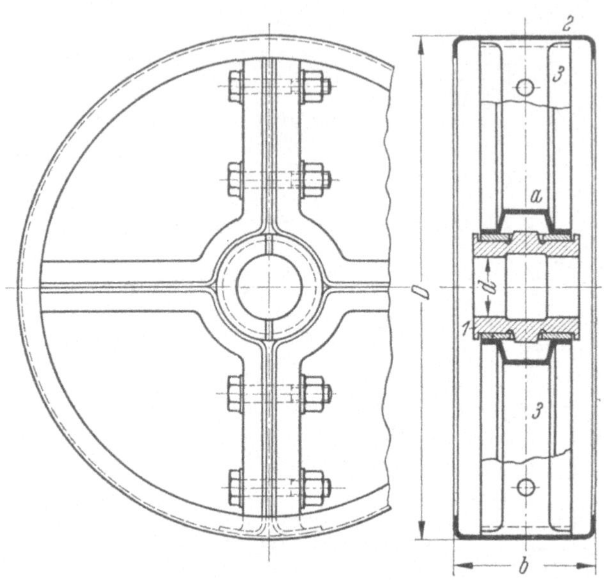

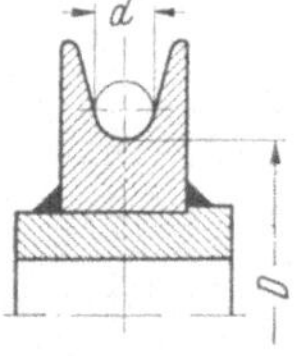

Abb. 292. Geteilte Riemenscheibe.   Abb. 293.

75 Trommeln.

Anwendung im Hebezeugbau als Seiltrommeln sowie als Bandtrommeln bei Förderbändern.

Abb. 295: Seiltrommel zum Hubwerk einer elektrisch betriebenen Laufkatze.

1 Trommelmantel aus Blech gebogen und durch eine Stumpfnaht gestoßen; 2 Scheibe an 1 und die Nabe 3 angeschweißt; 4 Flansch zum Anschrauben des Trommelrades; $S_1 \cdots S_3$ Rundnähte.

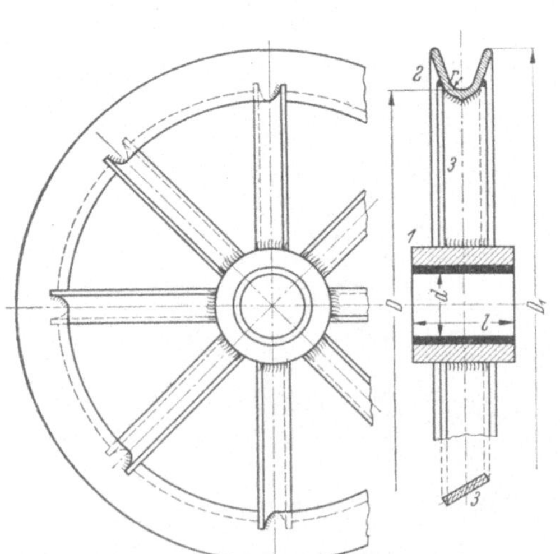

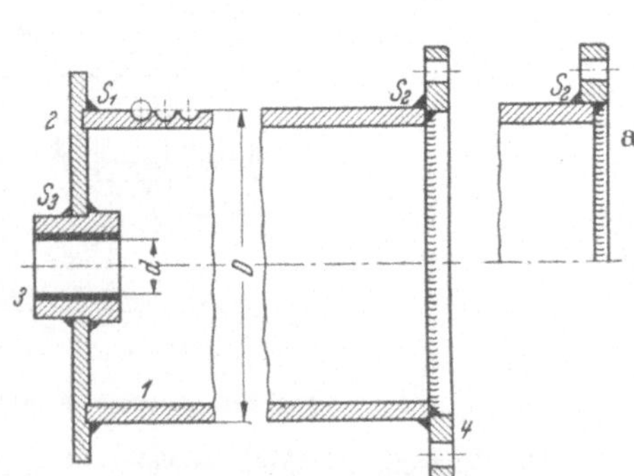

Abb. 294. Geschweißte Seilscheibe.   Abb. 295. Geschweißte Seiltrommel.

Die Schweißnaht S_1 verbindet Mantel 1 und Scheibe 2 (Abb. 296). Der Schweißquerschnitt Abb. 297 ist auf Biegung und Schub beansprucht.

Die Schweißnähte S_2 verbinden den Mantel 1 mit dem Flansch 4 (Abb. 298). Der Schweißquerschnitt Abb. 299 ist auf Verdrehung und Schub beansprucht.

Bei der Ausführung Abb. 295a werden die Nähte nur auf Verdrehung beansprucht.

Abb 300: Schweißnähte zwischen Scheibe 2 und Nabe 3.

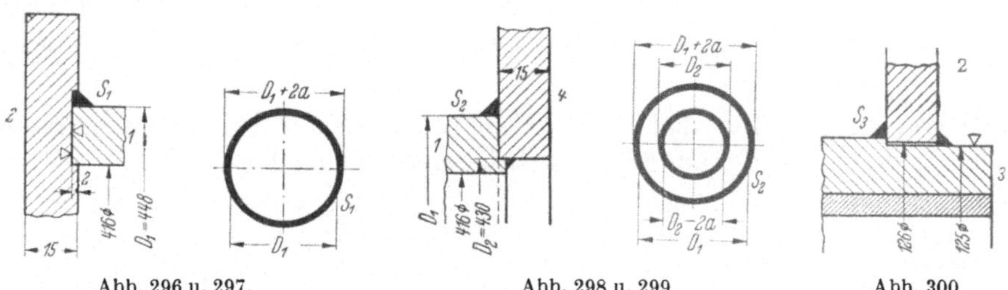

Abb. 296 u. 297.   Abb. 298 u. 299.   Abb. 300.

Nachrechnung der Schweißquerschnitte der Rundnähte ergibt bei den großen Durchmessern nur kleine Spannungswerte.

Ausführung der Trommeln auch mit angeschweißten Zapfen (Abb. 301 u. 302).

An der einen Trommelscheibe ist dann ein Zahnkranz zum Antrieb der Trommel angeschraubt. Die Zapfen und ihr Schweißanschluß sind auf Biegung (Umlaufbiegung) und Schub beansprucht.

Die Ausführung Abb. 301 ist nur für kleine Tragkräfte geeignet. Abb. 301a Schweißquerschnitt.

Bei größerer Tragkraft
Ausführung nach Abb. 302
mit abgesteiftem Zapfen.

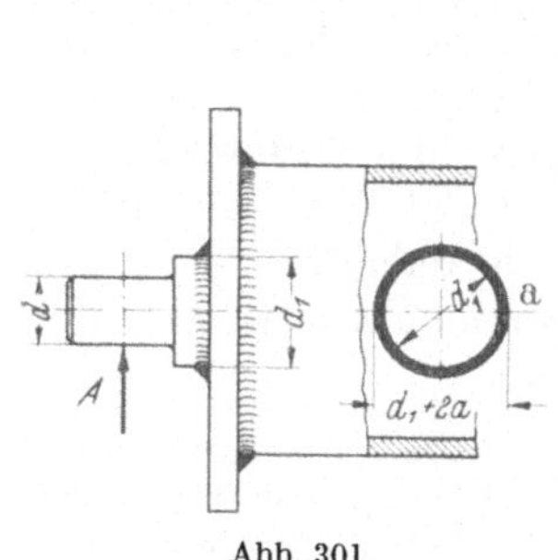

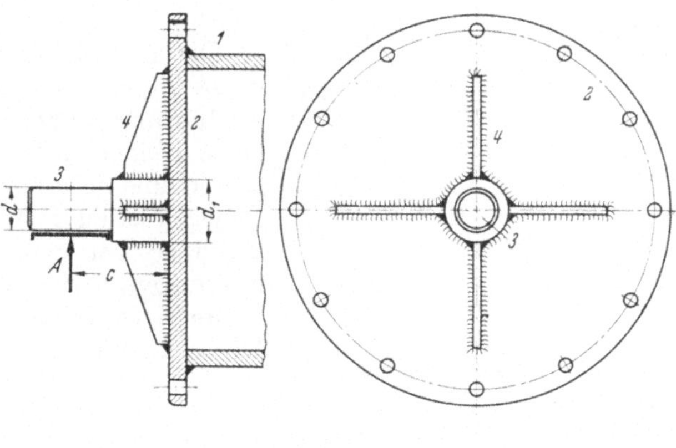

Abb. 301.   Abb. 302.

1 Trommelmantel; 2 Scheibe zum Anschrauben des Zahnkranzes; 3 Zapfen; 4 Versteifungsrippen.

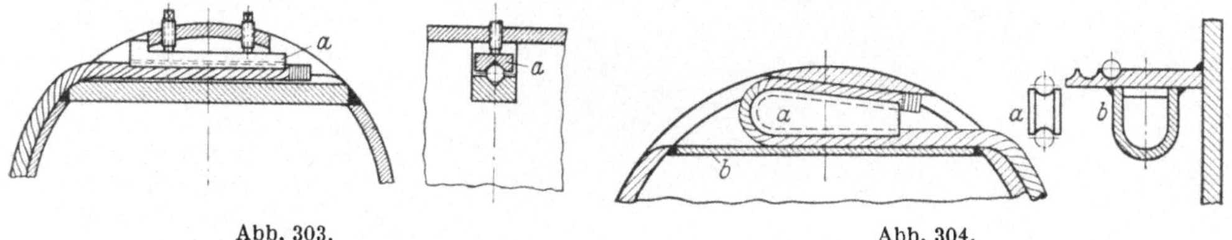

Abb. 303.   Abb. 304.

Ausführung der Seilbefestigung an den Trommeln durch einen Keil a mit Druckschrauben (Abb. 303) oder durch einen Einlegekeil a (Abb. 304), der in die Tasche b eingeführt wird. Bei der Seiltasche Abb. 305 kann der Keil von beiden Seiten eingelegt werden.

76 Lager, Lagerböcke und Konsollager.

761 Lager.

Nach der Wirkungsrichtung der Lagerkraft unterscheidet man Querlager (Lagerkraft steht senkrecht zur Wellenachse) und Längslager (Lagerkraft wirkt in Richtung der Wellenachse). Die Längslager sind in der Regel mit einem Querlager baulich vereinigt (s. S. 67).

7611 Querlager. Abb. 306···308 zeigen einfache aus Rundstahl hergestellte Querlager, die in Blechwände bzw. Profileisenstege eingebaut sind.

In Abb. 307 ist der Lagerkörper gegen die tragende Wand durch vier Rippen abgesteift. Der in einen ⊏-Stahl eingesetzte Lagerkörper (Abb. 308) ist durch Rippen mit den ⊏-Stahlflanschen verbunden.

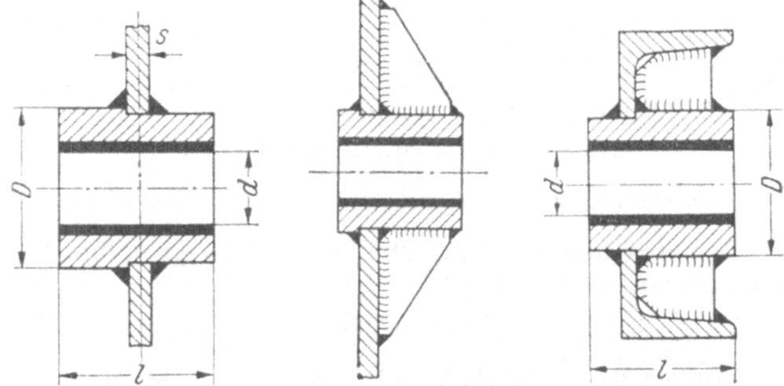

Abb. 306—308. In Blechwände bzw. Profilstahlstege eingeschweißte Lagerkörper.

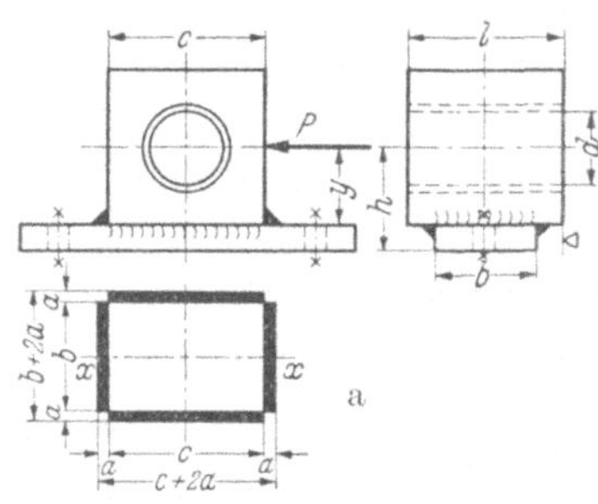

Abb. 305.

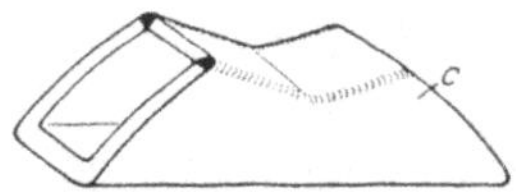

Abb. 309. Einfaches Augenlager.

Die im allgemeinen Maschinenbau zahlreich verwendeten Querlager sind in verschiedenen Ausführungsformen und Größen genormt. Sie sind keine geeigneten Schweißgegenstände, da sie gegossen und in großen Reihen hergestellt werden. Dagegen ist das Schweißen nicht genormter Lager, besonders bei kleiner Stückzahl und großen Abmessungen, wirtschaftlich vorteilhaft.

Je nach ihrem Verwendungszweck sind die Lager ungeteilt oder geteilt.

Abb. 309 zeigt ein einfaches Augenlager, bei dem der Lagerkörper aus Quadrat- und die Lagerplatte aus Flachstahl hergestellt ist.

Der Schweißquerschnitt Abb. 309 a ist durch die Lagerkraft auf Biegung ($M_b = Py$ [kgcm]) und auf Schub beansprucht.

In Abb. 310 ist ein Augenlager in Zellenbauweise (s. S. 33) dargestellt, das sich durch eine gefällige Form und ein geringes Gewicht auszeichnet.

Abb. 310. Augenlager in Zellenbauweise.

Bei dem ungeteilten Lager Abb. 311 ist zwischen Lagerkörper und -platte ein I-Stahl als Stützung angeordnet. Abb. 311a: Schweißquerschnitt.

Geteilte Querlager werden meist nach Art von Abb. 312 ausgeführt. Die Lagerteile sind durch Brennschneiden (Supportschnitt) hergestellt.

Der Schweißanschluß des Unterteils an die Flachstahlplatte ist der gleiche wie in Abb. 309a.

Abb. 313: In einen Stirnräderkasten eingebautes Lager mit Rotgußschalen.

1 geteilter Lagerkörper (Brennschnitt); 2—3 tragende Wände; 4 Versteifungsrippe zwischen Lager und Pratze.

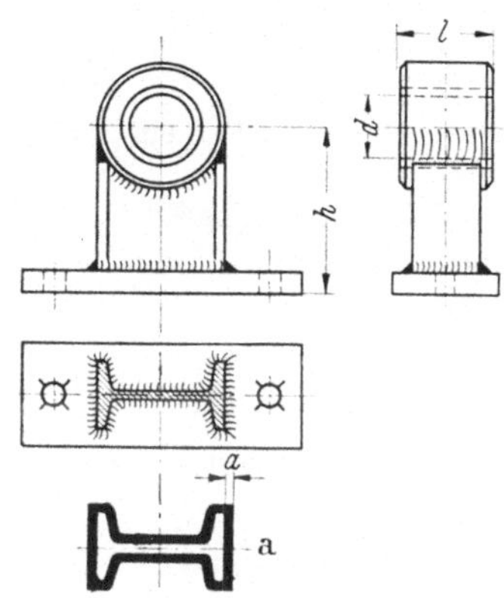

Abb. 311.

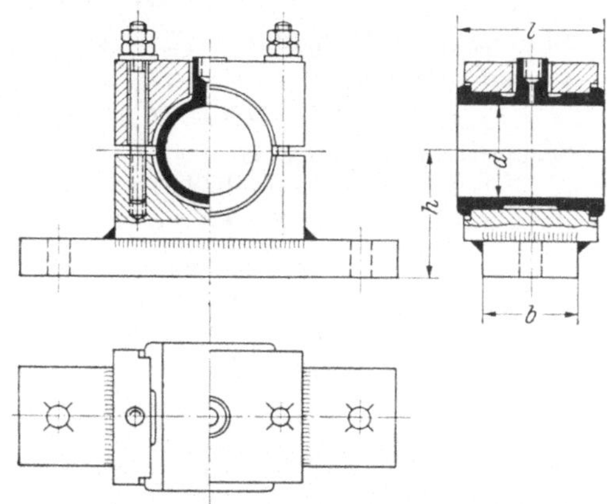

Abb. 312. Geteiltes Stehllager mit Rotgußschalen.

Ringschmierlager sind im allgemeinen zum Schweißen wenig geeignet, da sie meist sehr vielgestaltig sind und viel Schweißarbeit erfordern. Bei kleiner Stückzahl und besonders bei großen Abmessungen ist jedoch das Schweißen der Ringschmierlager oft vorteilhaft.

Abb. 314 zeigt ein einfach gestaltetes Ringschmierlager und Abb. 315 ein Ringschmierlager für Förderanlagen.

Durchmesser $d = 400 \cdots 500$ mm. Das Lager hat Kettenschmierung und an den Stirnflächen angeschraubte Ölfanghauben. Das Schweißen dieser großen Lager ergibt gegenüber der Gußausführung Gewichtsersparnisse bis zu 25%.

7612 Längs- und Querlager.
Abb. 316 S. 69: Unteres Längs- und Querlager zu einem Wanddrehkran von 2500 kg Tragkraft und 3 m Ausladung. Schwenkbereich des Kranes: 180°.

Die Längskraft V des Unterzapfens wird durch eine Spurplatte aufgenommen, der eine

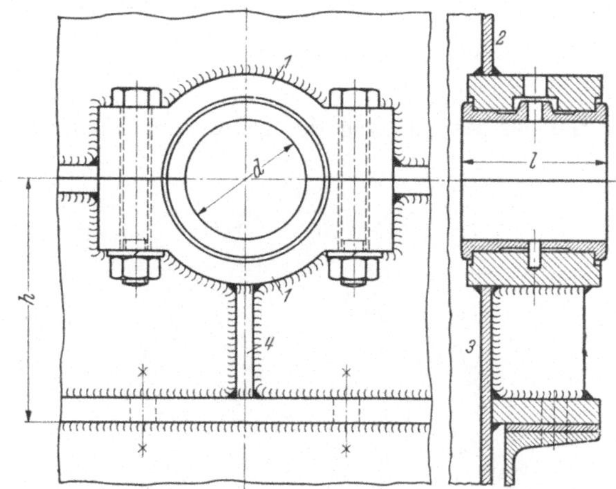

Abb. 313. In einen Stirnräderkasten eingebautes Lager
mit Rotgußschalen.

Bleiplatte untergelegt ist. Der aus Rundstahl gefertigte Lagerkörper ist durch eine Rundnaht an die Platte angeschweißt.

Beispiel 8. Berechnung des Längs- und Querlagers Abb. 316 S. 69.

Abmessungen (Abb. 316): Durchmesser $D = 120$ mm; Abstand $c = 60$ mm.

5*

Nahtdicke $a = 5$ mm ang. Werkstoff: St 37. Senkrechte Lagerkraft $V = 3000$ kg; waagerechte Lagerkraft: $H = 5000$ kg. Prozentuale Häufigkeit der Höchstlast $h_b = 50\%$; Stoßzahl: $\varphi = 1{,}1$.

Berechnung des Schweißquerschnittes (Abb. 317). Beanspruchung: Biegung und Schub.

1. Angriff. Biegemoment: $M_b = Hc = 5000 \cdot 6 = 30000$ kg;
Schubkraft: $P = 5000$ kg.

2. Nennspannungen. Widerstandsmoment des Schweißquerschnittes (Abb. 317):

$$W_{Schw} = \frac{1}{R+a}\left[(D+2a)\frac{4\pi}{64} - D\frac{4\pi}{64}\right] = \frac{1}{6+0{,}5}\left[(12+2\cdot0{,}5)\frac{4\pi}{64} - 12\frac{4\pi}{64}\right] \approx 59 \text{ cm}^3. \quad (21)$$

Biegespannung (Abb. 317): $\varrho_b = M_b/W_{Schw} = 30000/59 \approx 510$ kg/cm².

Querschnittsfläche:

$$F_{Schw} = (D+2a)^2\pi/4 - D^2\pi/4 = (12+2\cdot0{,}5)^2\pi/4 - 12^2\pi/4 \approx 19{,}6 \text{ cm}^2.$$

Schubspannung (Abb. 317):

$$\varrho_s = H/F_{Schw} = 5000/19{,}6 \approx 255 \text{ kg/cm}^2. \quad \varrho_{smax} = 1{,}5\,\varrho_s = 383 \text{ kg/cm}^2.$$

Berechnet man an der Stelle I die Vergleichsspannung, dann erhält man:

$$\varrho_V = \sqrt{\varrho_b{}^2 + \varrho_s{}^2} = \sqrt{270^2 + 255^2} \approx 372 \text{ kg/cm}^2.$$

3. Zulässige Spannung (s. S. 27).

$$\varrho_{zul} = \alpha_o\,\alpha\,\beta\,\sigma_{Sch}/\varphi\,\nu_{erf} = 1\cdot0{,}35\cdot0{,}9\cdot2200/1{,}1\cdot1{,}5 \approx 420 \text{ kg/cm}^2.$$

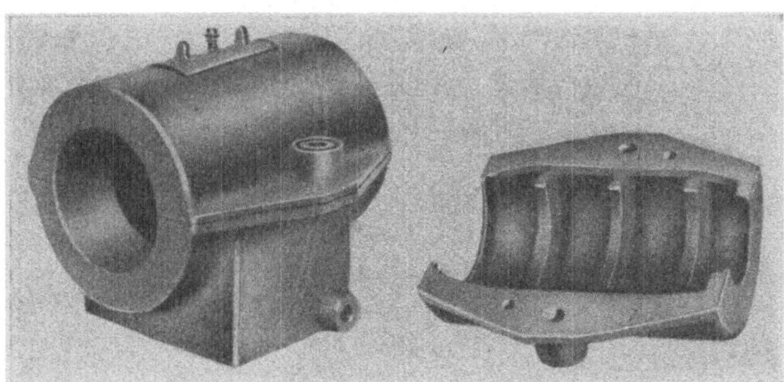

Abb. 314. Geschweißtes Ringschmierlager.

Ist der Nahtquerschnitt (Abb. 317) nicht ausreichend, dann ordne man vier Versteifungsrippen (Abbildung 318) an.

762 Lagerböcke.

Lager mit größerer Bauhöhe (Lagerböcke) erhalten als Stützung zwischen Lagerkörper und Fußplatte Kreuzquerschnitt (Abb. 319), besser die Querschnitte Abb. 321 u. 322.

Bei der Berechnung des Schweißquerschnittes wird die unter dem Winkel α

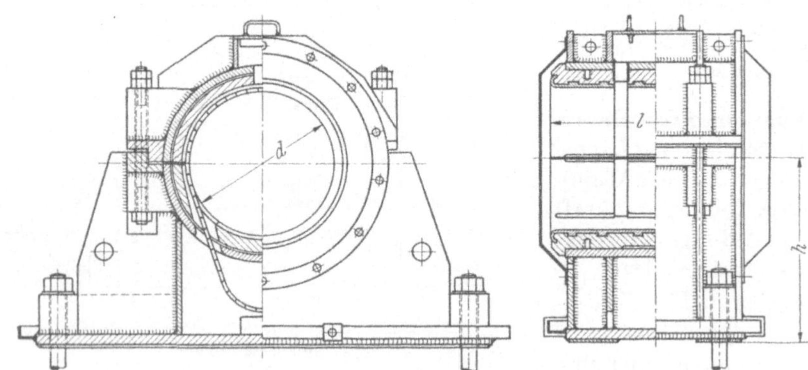

Abb. 315. Ringschmierlager zu einer Förderanlage.

wirkende Lagerkraft P in die Komponenten $P_1 = F\cos\alpha$ und $P_2 = P\sin\alpha$ zerlegt. P_1 ergibt eine Biege- und Schubspannung und P_2 noch eine Zugspannung.

Abb. 323 S. 70 zeigt ein Lagerböckchen für ein Kegelrädergetriebe. Die Stützung für die Welle I hat ⊣-Querschnitt (Abb. 320) und ist mit dem Lagerkörper der Welle II durch eine Rippe verbunden.

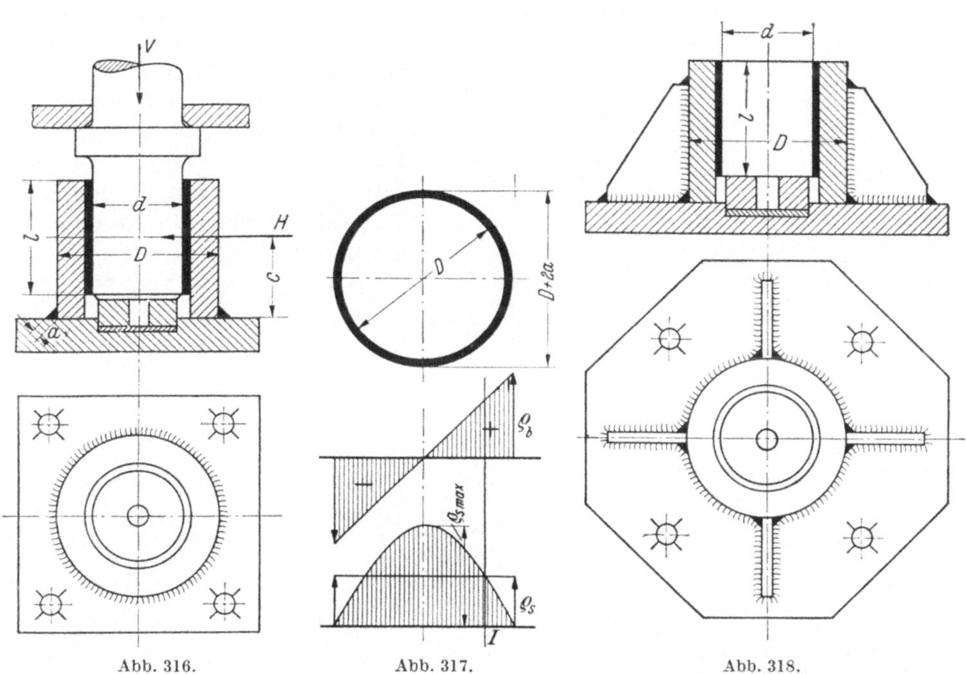

Abb. 316.   Abb. 317.   Abb. 318.

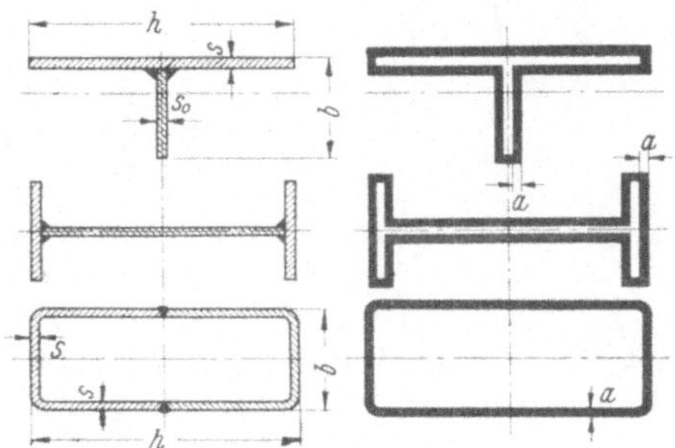

Abb. 319. Lagerbock (Stützung mit Kreuzquerschnitt).

Abb. 320—322. Stützungsquerschnitte und deren Schweißquerschnitte für Lagerböcke nach Abb. 319.

763 Konsollager.

Ausführung meist für kleinere Ausladung c (Abb. 324). Lagerkörper aus Rundstahl (Abbildung 324) oder aus Quadratstahl (Abbildung 324a). Als Armquerschnitt ist bei senkrechter Lagerkraft P der T-Querschnitt am vorteilhaftesten.

Berechnung des Schweißquerschnittes nach dem Beispiel 4 S. 31.

Abb. 325: Konsollager mit geteiltem Lagerkörper.

77 Stützungen.

771 Lagerstühle für Seiltrommeln.

Abb. 326 zeigt den Lagerstuhl zur Seiltrommel einer elektrisch betriebenen Laufkatze. Das tragende Blech (s) ist durch Stirn- und Flankenkehlnähte an den Steg des ⊏-Stahlrahmens angeschlossen. Zum Aufnehmen der Längskraft P_h dient eine Rippe s_1, die an das tragende Blech und an den Flansch des ⊏-Stahls angeschweißt ist. Biegespannungen am oberen ⊏-Stahlflansch werden durch eine im ⊏-Stahl angeschweißte Rippe aufgenommen.

Die Ausführung Abb. 327 hat zwar den Vorteil, daß sie weniger Schweißarbeit erfordert, läßt je-

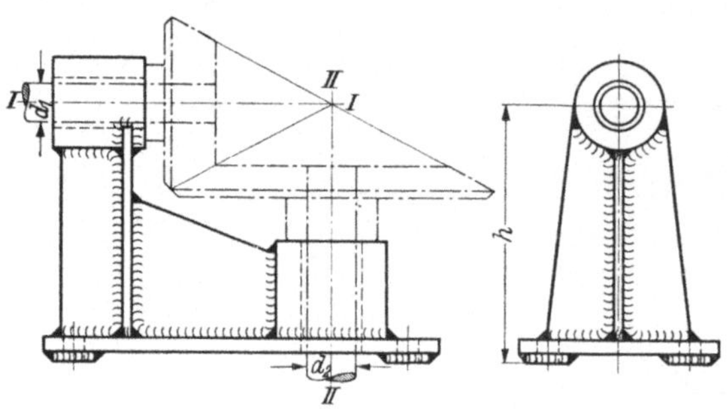

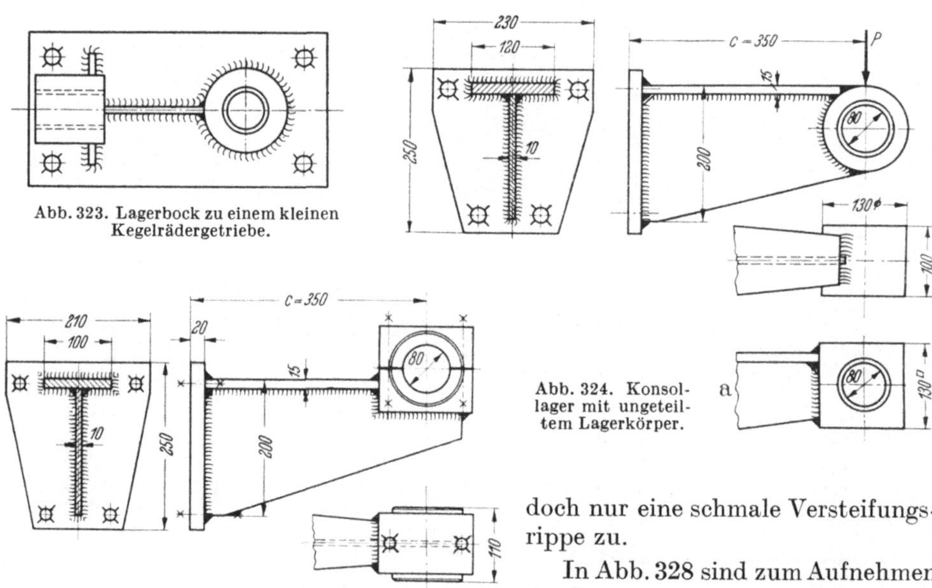

Abb. 323. Lagerbock zu einem kleinen Kegelrädergetriebe.

Abb. 324. Konsollager mit ungeteiltem Lagerkörper.

Abb. 325. Konsollager mit geteiltem Lagerkörper.

doch nur eine schmale Versteifungsrippe zu.

In Abb. 328 sind zum Aufnehmen der Längskraft $P_h \approx {}^1/_{10}$ der Last Q zwei Versteifungsrippen angeordnet.

Das tragende Blech ist durch den Seilzug P_s der Trommel und durch den Zahndruck des Trommelrades P_z belastet (Abb. 328).

772 Lagerböcke für Stehlager.

Abb. 329: Lagerbock für ein Deckellager mit zwei Fußschrauben. Die Stützung zwischen Lager- und Grundplatte hat Kastenquerschnitt und ist daher nur durch eine einseitige Kehlnaht anschließbar.

Abb. 330: Lagerbock für ein Deckellager mit vier Fußschrauben. Die Stützung hat I-förmigen Querschnitt. Abb. 330a: Schweißquerschnitt.

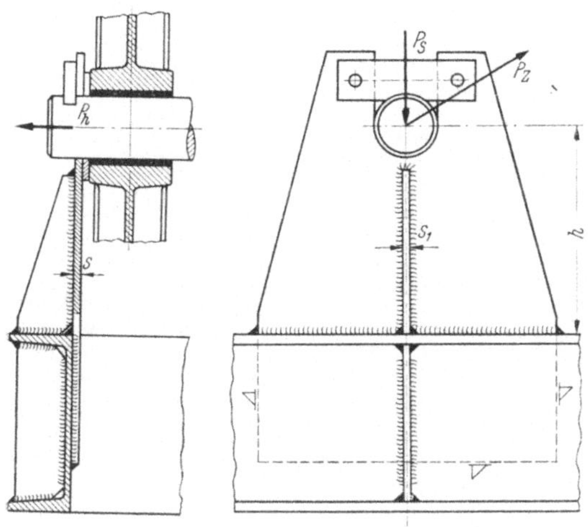

Abb. 326. Lagerstuhl zu einer Seiltrommel.

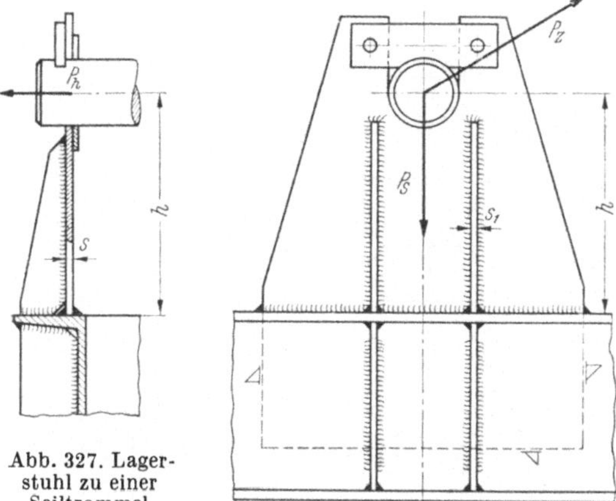

Abb. 327. Lager-
stuhl zu einer
Seiltrommel.

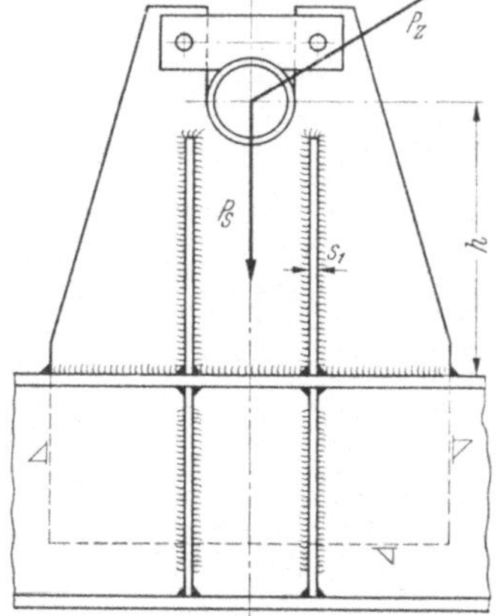

Abb. 328. Lagerstuhl mit zwei Rippen.

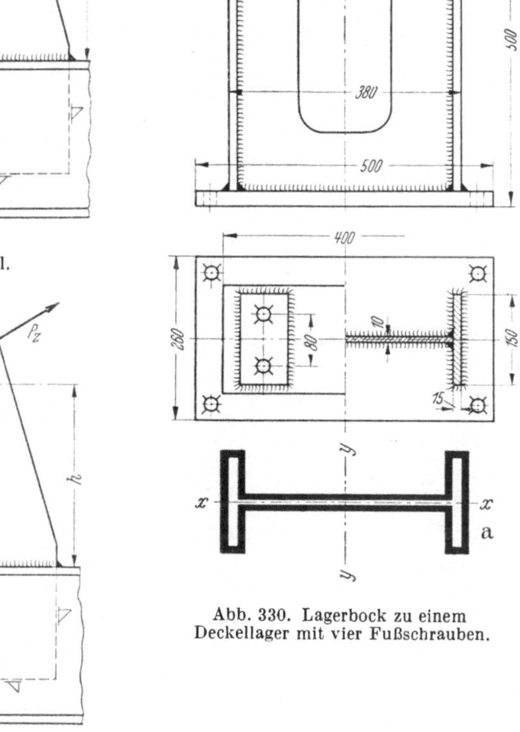

Abb. 330. Lagerbock zu einem
Deckellager mit vier Fußschrauben.

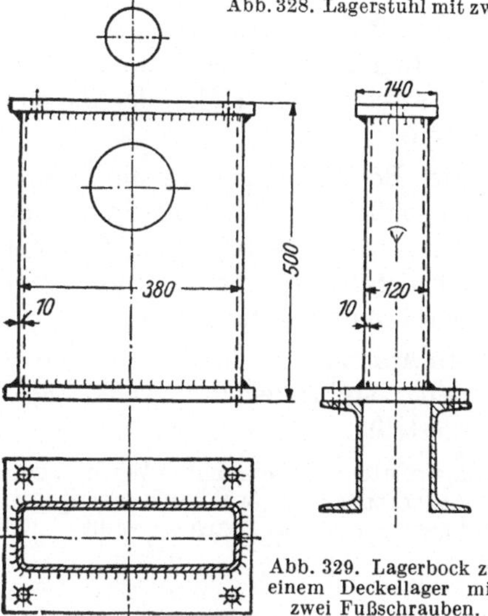

Abb. 329. Lagerbock zu
einem Deckellager mit
zwei Fußschrauben.

Abb. 331. Lagerbock für zwei Stehlager
mit vier Fußschrauben.

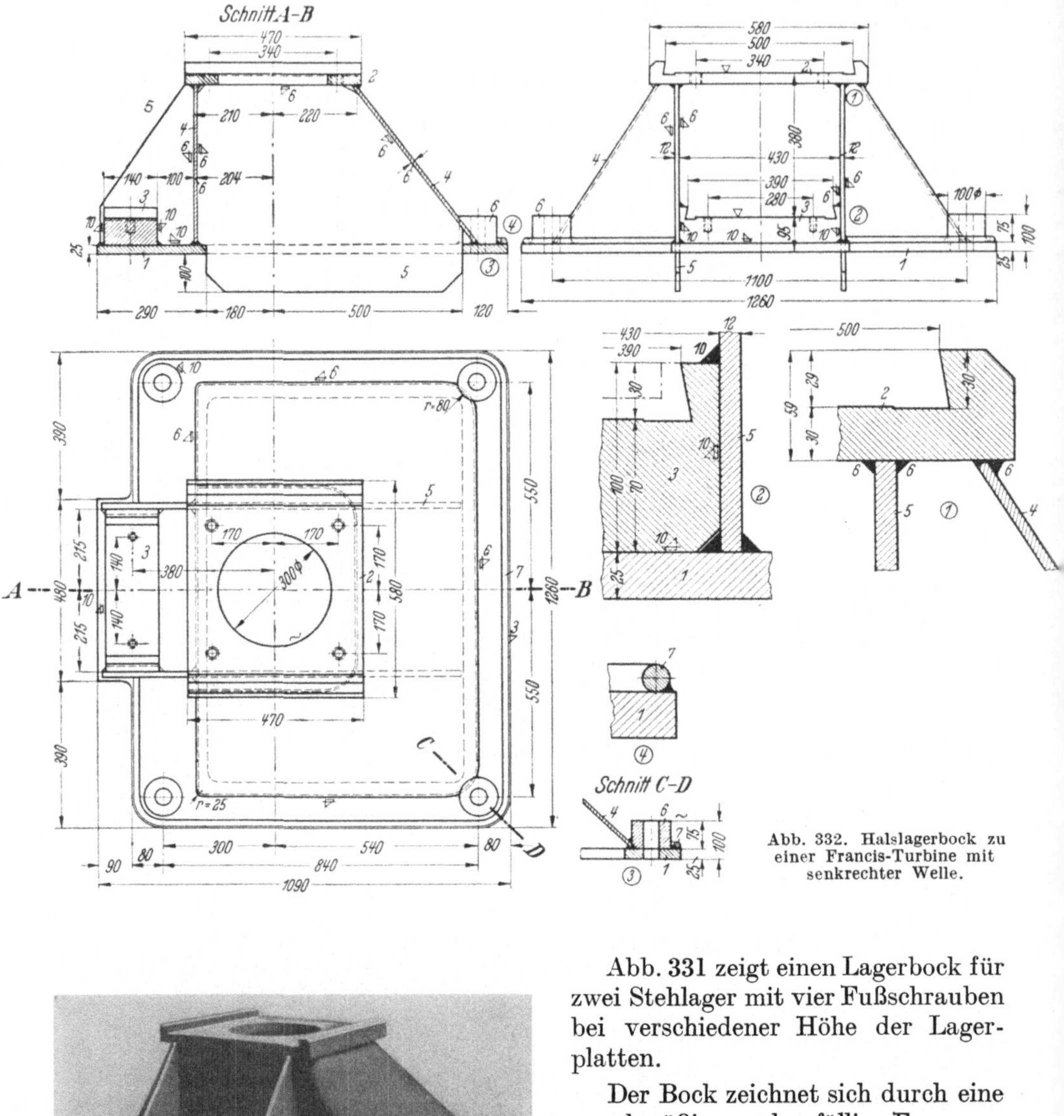

Abb. 332a. Bildliche Darstellung des Lagerbocks Abb. 332.

Abb. 332. Halslagerbock zu einer Francis-Turbine mit senkrechter Welle.

Abb. 331 zeigt einen Lagerbock für zwei Stehlager mit vier Fußschrauben bei verschiedener Höhe der Lagerplatten.

Der Bock zeichnet sich durch eine zweckmäßige und gefällige Form aus und ist aus verhältnismäßig dünnem Blech hergestellt. Er ist durch drei eingeschweißte Distanzrohre versteift.

In Abb. 332 ist der Halslagerbock zu einer stehenden Francis-Turbine[1] dargestellt.

Teile der Schweißkonstruktion: 1 Grundplatte; 2 Lagerplatte zur senkrechten Welle; 3 desgleichen zur waagerechten Welle; 4 kastenförmige Stützung zu 2; 5 Versteifungsrippen; 6 Schraubenansätze zu 1; 7 Ölfangleiste aus Rundstahl gebogen und an 1 angeschweißt.

(1)···(4) schweißtechnische Einzelheiten.

---

[1] *J. M. Voith*, Heidenheim-Brenz.

Abb. 332a gibt eine bildliche Darstellung des Lagerbockes.

Werkstoff des Halslagerbockes: St 37.

773 Untersätze und Grundplatten.

Abb. 333: Untersatz zu einer doppelten Backenbremse. I—I Drehpunkte der Backenhebel. Der Untersatz ist aus ⊏-Stahl mit angeschweißten Blechen zum Einsetzen der Hebelbolzen hergestellt.

Der Schweißquerschnitt ist durch die Hebelkraft $N/2$ auf Biegung und Schub (Verdrehung) beansprucht.

Abb. 334: Untersatz zu einem Magnetbremslüfter.

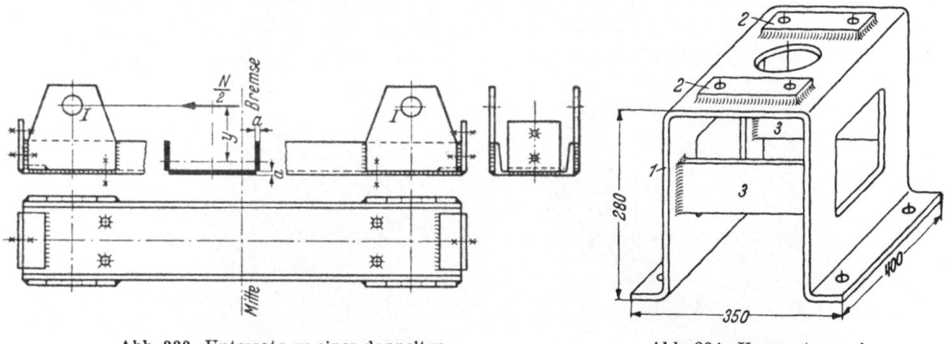

Abb. 333. Untersatz zu einer doppelten
Backenbremse.

Abb. 334. Untersatz zu einem
Magnetbremslüfter.

1 Abgekantetes Blech; 2 Arbeitsleisten zum Sitz des Lüfters; 3 Flachstähle zur Versteifung.

Abb. 335: Motoruntersatz zum Fahrmotor einer elektrisch betriebenen Laufkatze.

Der Untersatz ist auf dem Katzenrahmen a aufgeschweißt.

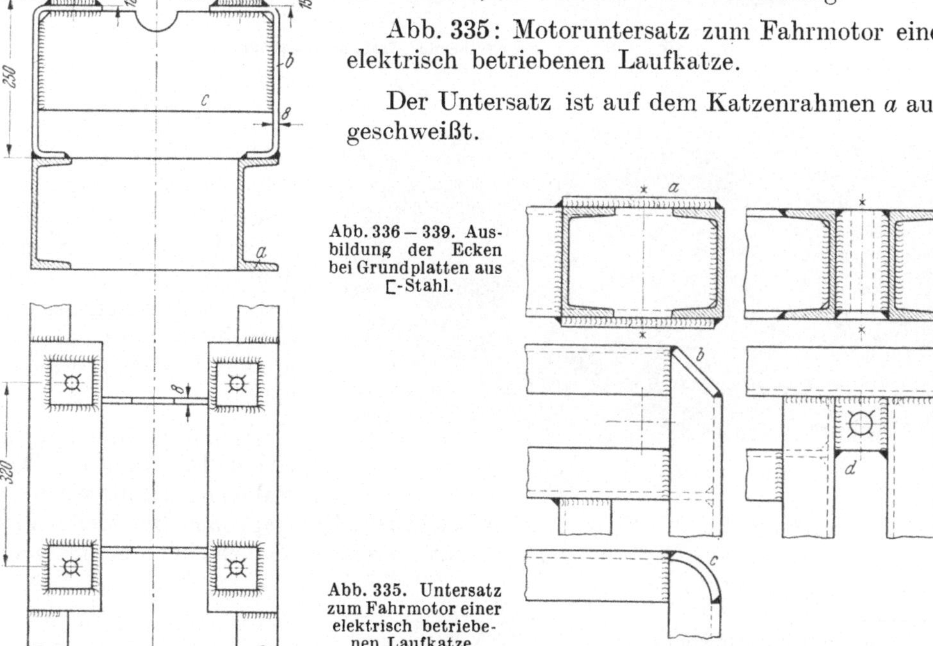

Abb. 336—339. Ausbildung der Ecken bei Grundplatten aus ⊏-Stahl.

Abb. 335. Untersatz zum Fahrmotor einer elektrisch betriebenen Laufkatze.

b ⊏-förmig abgekantete Bleche; *c* Querversteifungen; *d* Arbeitsleisten aus Quadratstahl. Grundplatten für Maschinensätze und dergleichen erhalten ⊏-förmigen oder unten offenen Kastenquerschnitt.

Abb. 336···339: Gestaltung der Ecken bei Grundplatten aus ⊏-Stahl.

Abb. 336: Aufgeschweißter Flachstahl *a* zur Eckversteifung und Führung der Befestigungsschrauben.

Abb. 337: Ecke durch einen Flachstahl *b* abgedeckt.

Abb. 338: Ecke durch einen gebogenen Flachstahl *c* abgedeckt.

Abb. 339: Ecke mit eingeschweißtem Quadratstahl *d*.

Abb. 340. Rahmen zu einer stehenden Krandampfmaschine.

774 Rahmen.

Abb. 340 gibt eine bildliche Darstellung des Rahmens zu einer stehenden zweizylindrischen Krandampfmaschine[1], der dem bisher gegossenen gegenüber eine Werkstoffersparnis von 25···30% ermöglicht.

Abb. 341. Rahmen zu einem Dieselmotor.

Abb. 341: Rahmen zu einem Dieselmotor. Der Rahmen zeigt die vorbildliche Formgebung für das Schweißen in Leichtbau. Die tragenden Blechteile sind dünn gehalten und zur Gewichtsersparnis mit Aussparungen versehen, die mit dem Brenner ausgeschnitten sind.

---

[1] Demag A.-G., Duisburg.

Durch die Anordnung von Querwänden und Rippen ist der Bauteil gut versteift. Nach dem Schweißen wird das Werkstück normal geglüht und dadurch spannungsfrei.

Abb. 342: Rahmen zu einem Elektrokarren[1]. Herstellung aus Rohren, die gebogen und durch V-Nähte stumpf gestoßen sind.

Bei dem Rahmen zu einem fahrbaren Kompressor können die als Längs- und Querträger verwendeten Rohre gleichzeitig als Druckluftbehälter dienen.

Rahmen für Eisenbahnwagen, Drehgestelle, Unterwagen für fahrbare Drehkrane s. [29 u. 31].

775 Tragkreuze und Armsterne.

dienen bei stehenden Francis-Turbinen von großer Leistung zum Tragen des mit der Turbine gekuppelten Generators.

Armsterne werden je nach Größe mit drei bis sechs Armen hergestellt. Die Ausführung mit drei Armen hat den Vorzug der statisch bestimmten Lastverteilung. Die an die Nabe angeschlossenen Arme erhalten meist I-förmigen, seltener Kastenquerschnitt.

Abb. 342. Rahmen zu einem Elektrokarren.

Abb. 343 S. 76 zeigt als Beispiel einen Armstern mit drei Armen[2].

A_1 Wasserzufluß der Turbine I; A_2 Wasserzufluß der Turbine II.

a Nabe mit kastenförmigem Querschnitt; b_1 und b_2 an a angeschweißte Arme; b_3 an a angeschraubter Arm; c Nachstellvorrichtung für den Armstern.

Teile der Schweißkonstruktion: 1 u. 2 Flachstahlringe; 3 u. 4 obere bzw. untere Deckringe; 5 Anschlußstege zu b_1 u. b_2, durch b_2 durchgehend; S_1 u. S_2 Schweißnähte zu 5; 6 u. 7 Decklaschen; 8 Steg für den Anschluß von b_3; 9 u. 10 Gurtstücke; 11 Flansch; 12 Rippen.

Zu b_1 u. b_2: 13 Arm aus IP 36 bei I—I an 5 gestoßen, am Ende ausgebrannt, Flansch gebogen und durch die Naht S_3 angeschlossen; 14 Fußplatte; 15 Auflageplatte; 16 Rippen zu 15; zu b_3: 17 Anschlußflansch; übrige Teile wie bei b_1 u. b_2.

Zu c: 18 Flansch; 19 Versteifungsrippen; ①···⑦ schweißtechnische Einzelheiten.

Werkstoff: St 37.

Belastung des Armsterns im Betrieb: 7000 kg.

Fertiggewicht: ~ 4800 kg.

776 Tragarme und Konsolen.

Abb. 344 S. 76: Tragarm für ein Deckellager mit zwei Fußschrauben. Ausladung: $c = 300$ mm. Der Arm hat einen ⊏-förmigen Querschnitt, ist aus Blech zugeschnitten und abgekantet. Abwicklung des Armes s. Abb. 116, S. 35; Schweißquerschnitt s. Abb. 71, S. 20.

Abb. 345: Tragarm für ein Deckellager mit vier Fußschrauben. Ausladung: $c = 300$ mm. Lager- und Wandplatte bestehen aus einem rechtwinklig abgekanteten Flachstahl, der durch eine Rippe abgesteift ist.

Abb. 346 S. 77: Tragarm zu einem Deckellager mit zwei Fußschrauben, bei dem die Wellenachse senkrecht zur Stützwand steht.

---

[1] *Elin*, Ges. f. elektr. Industrie, Wien. — [2] *J. M. Voith*, Heidenheim-Brenz.

Abb. 347 S. 78 zeigt eine Motorkonsole mit einer Ausladung $c = 400$ mm.

Der Tragarm (Abb. 347 Seitenriß) hat offenen Kastenquerschnitt, der jedoch nur durch einseitige Kehlnähte anschließbar ist (Abb. 73 S. 20).

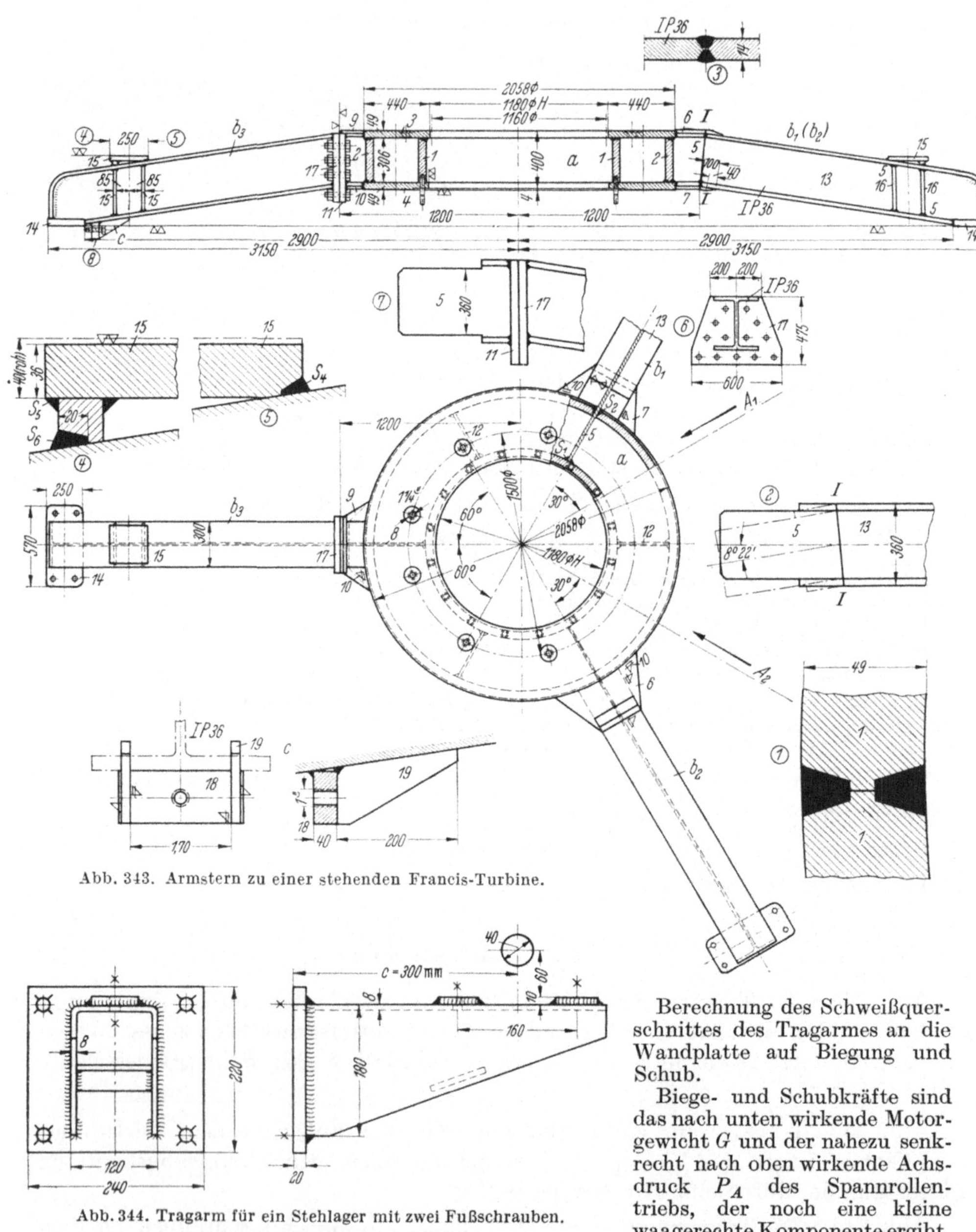

Abb. 343. Armstern zu einer stehenden Francis-Turbine.

Abb. 344. Tragarm für ein Stehlager mit zwei Fußschrauben.

Berechnung des Schweißquerschnittes des Tragarmes an die Wandplatte auf Biegung und Schub.

Biege- und Schubkräfte sind das nach unten wirkende Motorgewicht G und der nahezu senkrecht nach oben wirkende Achsdruck P_A des Spannrollentriebs, der noch eine kleine waagerechte Komponente ergibt.

Das Moment des Motorgewichtes ist rechts drehend und wird durch das linksdrehende Moment des Achsdruckes entlastet.

Beide Kastenwände sind unten durch einen eingeschweißten Flachstahl miteinander verbunden, wodurch eine gute Drehungsfestigkeit für das Drehmoment der noch auftretenden waagerechten Komponente des Achsdruckes erreicht wird.

78 Maschinengehäuse.

Die früher bei den gegossenen Gehäusen der Steinbrecher infolge der oftmals wiederholten stoßartigen Beanspruchung öfter aufgetretenen Brüche werden bei der geschweißten Ausführung (Abb. 348 S. 78)[1] vermieden. Auch wird bei der Schweißkonstruktion erheblich an Werkstoff gespart. Wesentlich ist bei dieser eine gute Verrippung der Gehäusewände (Abb. 142 S. 37 u. 144 S. 38).

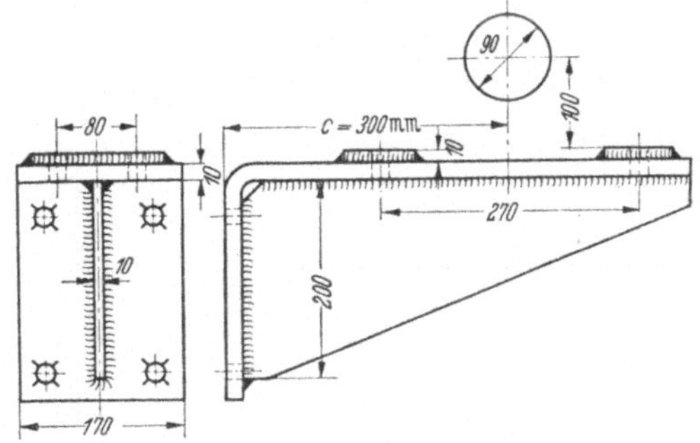

Abb. 345. Tragarm für ein Stehlager mit vier Fußschrauben.

Schwierig herzustellende Schweißkonstruktionen sind die im Bau von Wasserkraftanlagen[2] vorkommenden Spiralgehäuse der Francis-Turbinen.

Abb. 349 S. 78 zeigt als Beipiel das Spiralgehäuse einer großen Turbine. I Wassereintritt; II Wasseraustritt. *a* Spiralgehäuse (überlappt geschweißt); *b* Pratzen zur Stützung des Gehäuses; *c* gegossener Krümmer mit Anschluß an das Saugrohr; *d* Welle mit Laufrad.

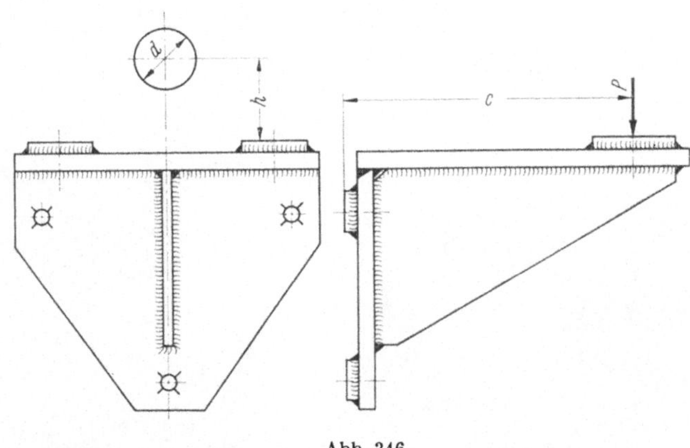

Abb. 346.

Das überlappte Schweißen der Gehäuseschüsse erleichtert im Gegensatz zur Stumpfschweißung das Passen und ist wesentlich billiger.

Bei höherem Innendruck ergeben die kleiner werdenden Gehäusequerschnitte eine größere Drucksteigerung. Die Schüsse sind daher an diesen Stellen durch kragenartige Rippen *e* verstärkt.

Durch das Schweißen der Spiralgehäuse werden der Gußkonstruktion gegenüber große Ersparnisse an Werkstoff und Arbeitslöhnen erzielt.

---

[1] *Schüchtermann & Kremer-Baum*, A.-G. Dortmund.
[2] *J. M. Voith*, Heidenheim-Brenz.

Bei einem geschweißten Gebläsegehäuse (Spiralgehäuse) mit Hohlprofilversteifung werden an Stelle einer Graugußwanddicke von 25···30 mm Blechdicken von 4···6 mm benutzt. Die gewölbten Flächen des Gebläsekanals besitzen eine örtlich große Steifigkeit, die durch die Hohlprofilversteifung auch für die Ge-

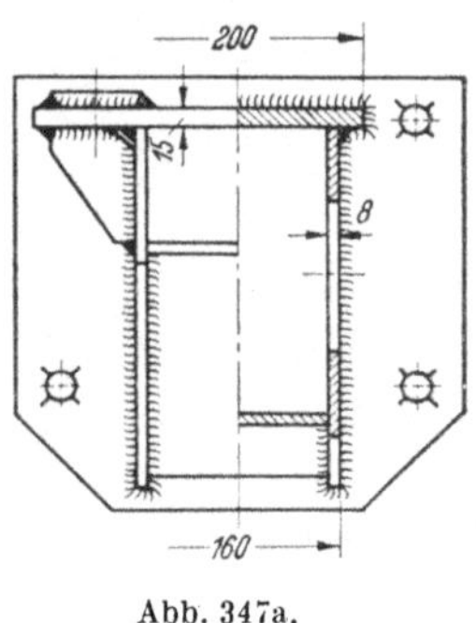

Abb. 347a.

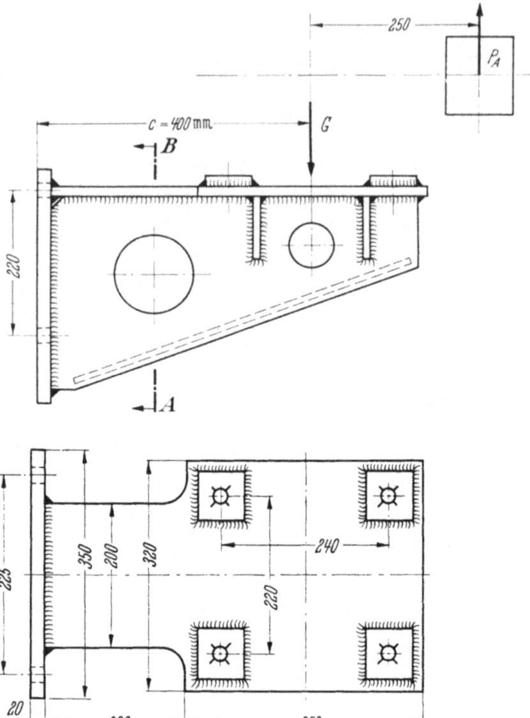

Abb. 347. Tragarm für einen Motor.

Abb. 348. Gehäuse zu einem
Steinbrecher.

Abb. 349. Gehäuse zu einer Spiralturbine.
(*J. M. Voith*, Heidenheim-Brenz.)

samtkonstruktion gewahrt wird. Dieses Gebläsegehäuse stellt bereits eine Verbindung zwischen der Hohlprofil- und der Schalenbauweise dar. Die Werkstoffersparnis betrug gegenüber der bisherigen Gußausführung etwa 60%[1].

---

[1] GRIESE: Schweißen im Maschinenbau. Schweißen u. Schneiden 1952 S. 11, Bild 11.

Schrifttumverzeichnis.

[1]. BIERETT: Die Dauerhaltbarkeit geschweißter Maschinenteile. Der Maschinenschaden 1938, S. 133.

[2]. BIERETT u. GRÜNING: Spannungszustand und Festigkeit von Stirnkehlnahtverbindungen. Stahlbau 1933, Heft 22·

[3]. BOBEK: Schweißkonstruktionen für Dauerwechselbeanspruchung. Elektroschweißung 1935, S. 81.

[4]. BOBEK: Über die Berechnung von dauernd wechselnd beanspruchten Schweißverbindungen. Elektroschweißung 1936, S. 41.

[5]. BOBEK, METZGER u. SCHMIDT: Stahlleichtbau von Maschinen. Berlin: Springer 1939.

[6]. *Deutsche Ges. f. Elektroschweißung EV:* Elektroschweißen spart Werkstoff. Braunschweig: Vieweg & Sohn 1939.

[7]. DUBBEL: Taschenbuch für den Maschinenbau. 11. Aufl. Berlin / Göttingen / Heidelberg: Springer 1953.

[8]. DU RIETZ u. KOCH: Prakt. Handbuch der Elektroschweißung. Braunschweig: Vieweg & Sohn 1939.

[9]. *Fachausschuß f. Schweißtechnik b. VDI:* Bericht des Kuratoriums für Dauerversuche. Berlin: VDI-Verlag 1935.

[10]. FRENCH: Fatigue and Hardening of Steels. Trans. A. S. Steel Treating 1933, S. 899.

[11]. GÖNNER: Die elektrische Widerstandsschweißung und ihre Anwendung. München: Hanser 1947.

[12]. GRAF: Über die Dauerfestigkeit von Schweißverbindungen. Stahlbau 1933, S. 81.

[13]. GRAF: Über die Festigkeit von Schweißverbindungen. Autog. Metallbearb. 1934, S. 1.

[14]. GRIESE: Schweißtechn. Gestaltung u. Fertigung als wesentlicher Faktor der Wirtschaftlichkeit im Maschinenbau. Schweißen u. Schneiden 1950, S. 232.

[15]. GRIESE: Kleinformgebung geschweißter Bauteile. Schweißen u. Schneiden 1951, S. 182.

[16]. HÄNCHEN: Berechnung der Schweißkonstruktionen auf Dauerhaltbarkeit. Glas. Annalen 1941, S. 199.

[17]. HÄNCHEN: Berechnung und Gestaltung der Maschinenteile auf Dauerhaltbarkeit. Berlin: Pädagog. Verlag Berthold Schulz 1951.

[18]. HEIZER u. GRIESE: Der Stahlleichtbau im Maschinen- und Gerätebau. Elektroschweißung 1941, S. 69.

[19]. HORN: Brennschneiden. Berlin/Göttingen/Heidelberg: Springer 1951.

[20]. JASCHKE: Blechabwicklungen. 16. Aufl. Berlin/Göttingen/Heidelberg: Springer 1952.

[21]. JURCZYK: Konstruktive Fragen der elektrischen Lichtbogenschweißung im Maschinenbau. Elektroschweißung 1938, S. 61.

[22]. KJELLBERG: Tagungsbericht über die 3. Kjellberg-Tagung. Finsterwalde N.-L. 1938.

[23]. KLOTH: Leichtbau-Lehrschau. Die Technik in der Landwirtschaft 1942, S. 101.

[24]. KLOTH: Leichtbau-Fibel. Wolfratshausen-München: Neureuter 1948.

[25]. KOMMERS, J. B.: The Effect of Overstressing and Understressing in Fatigue. Americ. Soc. f. Testing Materials 1943.

[26]. KOMMERS, J. B.: The Effect of Overstressing in Fatigue on the Endurance Life of Steel. Proc. Am. Soc. f. Testing Materials 1945.

[27]. KRUG: Werkstoffersparnis durch Schweißen im Maschinenbau. Elektroschweißung 1938, Heft 1.

[28]. Krug: Form und Federung bei Werkzeugmaschinen. Werkstattstechnik u. Werksleiter 1941, S. 189.

[29]. Maurer: Geschweißte Fahrzeugkonstruktionen der Deutschen Reichsbahn. Elektroschweißung 1938, Heft 9 u. 10.

[30]. Pohl: Darstellende Geometrie. Berlin: Pädag. Verlag Berthold Schulz 1951.

[31]. Reiter: Senkung der Fertigungskosten geschweißter Schienenfahrzeuge. Schweißen u. Schneiden 1951, S. 178.

[32]. Ricken: Schweißgerechtes Konstruieren. Schweißen u. Schneiden 1950, S. 2.

[33]. Schimpke-Horn: Praktisches Handbuch der ges. Schweißtechnik I···III. Bd. Berlin/ Göttingen/Heidelberg: Springer 1951.

[34]. Schulz, H.: Aus der Praxis eines Beratungsingenieurs. Schweißen u. Schneiden 1951 S. 164.

[35]. Thum u. Erker: Gestaltfestigkeit von Schweißverbindungen. Berlin: VDI-Verlag 1942.

[36]. Thum u. Erker: Schweißen im Maschinenbau. Teil I: Festigkeit und Berechnung der Schweißverbindungen. Berlin: VDI-Verlag 1943.

[37]. *Welding Journal* 1942, S. 303.

[38]. Zeyen u. Lohmann: Schweißen der Eisenwerkstoffe. Düsseldorf: Verlag Stahleisen 1943.

[39]. *Schweißen und Schneiden.* Sonderheft Dezember 1952.
Hase: Die Entwicklung der Schweißtechnik seit der Jahrhundertwende. S. 3.
Griese: Fortschrittliche Gestaltung von Bergwerksmaschinen durch Schweißtechnik. S. 8.
Tachinger: Leichtbau durch Schweißen von Schnelltriebzügen. S. 50.
Hörmann: Abbrennschweißen im Maschinen-, Motoren- und Fahrzeugbau. S. 68.
Schmidt: Stahlschweißen im Maschinenbau. S. 114.
Winter: Nutzbarmachung der Erfahrungen aus dem Flugzeugbau im Stahl- und Maschinenbau. S. 124.
Bahke: Die Schalenbauweise im Maschinenbau. S. 130.
Dumpart: Schweißtechnische Verfahren und schweißtechnische Gestaltung im Automobilbau. S. 135.
Bergmann: Gestaltung von Knotenpunkten und Tragwerken bei verwindungsbeanspruchten Fahrzeugen. S. 139.
Ebner: Festigkeitsprobleme dünnwandiger Blechkonstruktionen. S. 156.
Erker: Die Ausbildung von Eckverbindungen. S. 164.